Research on the Design of
Industrial Heritage Museums

工业遗产博物馆设计研究

谭赢 著

化学工业出版社

·北京·

内容简介

本书以工业遗产理论为基础，通过对工业遗产博物馆设计进行系统的分析，辅以国内外工业遗产博物馆成功案例的研究，通过系统综合的研究方法，提出工业遗产博物馆的系统化设计概念，完善工业遗产博物馆系统化设计理论，并提出具有现实意义的设计策略。

本书资料丰富、图文并茂、观点鲜明，可供建筑设计、城市规划、遗产保护等相关专业的本科生、研究生和从事工业遗产保护更新、博物馆设计的专业人员作为参考书使用。

图书在版编目（CIP）数据

工业遗产博物馆设计研究 / 谭赢著. -- 北京：化学工业出版社，2024.5
　　ISBN　978-7-122-45305-1

　　Ⅰ.① 工…　Ⅱ.① 谭…　Ⅲ.① 文化遗产－博物馆－建筑设计－研究　Ⅳ.① TU242.5

　　中国国家版本馆CIP数据核字（2024）第062254号

责任编辑：徐　娟
文字编辑：刘　璐
责任校对：刘　一
装帧设计：刘丽华

出版发行：化学工业出版社
　　　　　（北京市东城区青年湖南街13号　邮政编码100011）
印　　装：涿州市般润文化传播有限公司
787mm×1092mm　1/16　印张9　字数186千字
2025年2月北京第1版第1次印刷

购书咨询：010-64518888
售后服务：010-64518899
网　　址：http://www.cip.com.cn
凡购买本书，如有缺损质量问题，本社销售中心负责调换。

定　　价：98.00元　　　　　　　　　　版权所有　违者必究

工业遗产博物馆设计是结合工业遗产保护再利用与博物馆建设的综合性设计。通过工业遗产博物馆设计，既可以有效解决产业升级造成的大量废弃工业遗产的利用问题，又可以解决工业城市形象提升问题。当前我国工业遗产博物馆建设大多停留在工业企业主导，以展示企业文化为目的的层面，与实现工业遗产博物馆展示工业文明、服务大众普及教育的功能还有不小的差距。

西方工业国家从20世纪70年代就开展了工业遗产保护再利用工作，尤其是在利用工业遗产规划建设工业遗产博物馆方面积累了大量经验，我国也在借鉴的基础上逐步开展关于工业遗产保护再利用与博物馆设计的相关研究。但是，研究大多倾向具体的项目实践，缺乏多角度、深层次的系统性研究。保护再利用工业遗产最有效的方式之一是建设工业遗产博物馆，但其发展受到文化遗产保护与博物馆理论的影响与制约，涉及多学科交叉，需要进一步研究与总结。

本书以工业遗产保护再利用理论为基础，以工业遗产保护、展示、再利用为目标，从设计角度出发，建构系统性工业遗产博物馆设计概念，形成基于工业遗产保护再利用理论的工业遗产博物馆设计理论框架与实施策略。对工业遗产博物馆设计在观念更新、理论研究、社会服务和设计方法等方面进行分析，达到保护工业遗产与传承工业文化的最终目标。首先，阐述研究背景及目标、研究现状、研究意义、研究方法等，明确研究框架等内容；其次，引入系统论、工业遗产保护再利用、博物馆等相关概念，阐明了工业遗产博物馆的发展趋势及工业遗产保护再利用，探讨了工业遗产博物馆系统化设计理念，分析了工业遗产博物馆设计的影响因素，提出工业遗产博物馆系统化设计方法；再次，分别从功能适应性、空间适用性、环境协调性、技术适宜性四大方面对工业遗产博物馆设计策略进行分层建构；最后，提出针对符合我国现阶段产业转型期的工业遗产博物馆系统化设计策略，对工业遗产博物馆的发展提出展望。

希望本书的内容能对工业遗产博物馆设计与建设起到一定的指导作用。关于工业遗产博物馆设计的课题学界仍在研究、探索，限于著者水平，书中如有疏漏和不妥之处，敬请广大读者不吝赐教。

著   者

2024年3月

目录

第3章　工业遗产博物馆的系统化设计 / 35

绪论

1.1　研究背景

工业文明演进过程中所形成的工业遗产作为人类文明的重要组成部分，承载了大量宝贵的人文历史财富。在国民经济高速发展和城市产业结构迅速调整的大背景下，我国工业遗产保护再利用的过程中出现了城市文化生态系统失衡、工业文化资源受到严重破坏的现象，老旧厂区和工业设施不断被遗弃和荒废。面对工业遗产保护再利用迫在眉睫的形势，我国工业主管部门从2017年开始启动工业遗产认定工作，并于2017年12月公布了第一批获得认定的国家工业遗产名单，2018年底公布了第二批国家工业遗产名单，2019年底公布了第三批国家工业遗产名单，各批次认定的总数量如表1.1所示。这些工业遗产饱含着技术、建筑、艺术、空间之美，在产业转型的时代背景下，如何从全新视角来研究和展示工业文化，保护与弘扬城市工业文化从而实现可持续发展成为工业遗产研究领域所面临的现实课题。

表1.1　工业主管部门认定的工业遗产数量

认定批次	第一批	第二批	第三批
总数量	11	42	49

21世纪以来，我国对文化事业及文化产业的扶持力度逐步加大，"十一五"期间文化产业发展速度保持在16%～18%，"十二五"期间文化产业增长速度高于20%，"十四五"规划明确以推动文化产业高质量发展为主题，以深化供给侧结构性改革为主线，以文化创意、科技创新、产业融合催生新发展动能，提升产业链现代化水平和创新链效能，不断健全现代文化产业体系和市场体系，促进满足人民文化需求和增强人民精

神力量相统一，为社会主义文化强国建设奠定坚实基础。随着国家和公众对文化的重视不断加深，博物馆这一公共文化设施越来越多地出现在社会舞台上。博物馆作为传承、教育、思考和感受的场所，诞生初期"以物件为中心"，后来演变到"以教育为中心"，现在"以观众为中心"，它的发展表现出更为丰富多元的形态。博物馆的功能从收藏展示的单一性，转变为社会、学术、教育、服务、娱乐多方面集合的系统化形式，同时博物馆发挥的社会功能也可助力提升其所在地区的文化品质，推动地区整体有序发展。目前来看，我国的博物馆建设仍处于高速发展阶段，但是随着博物馆功能的丰富也出现了诸如数量与分布的不均衡、空间功能与服务不能满足公众需求、博物馆的教育功能发挥不充分等问题，因此，有必要从设计的角度思考在增加博物馆数量的同时达到质的提升。

随着文化产业的繁荣发展，文化遗产保护得到了人们更多的关注，工业遗产是文化遗产重要的组成部分，它凝聚着推动现代社会发展的最富创造性的工业文明。工业遗产同其他珍贵的文化遗产和历史文物具有同样的价值与意义，是不可再生的宝贵资源，在城市更新过程中工业遗产的损毁将对工业文化的完整性造成不可逆的破坏。由于工业遗产的生产工具属性，人们往往过多地注重工业设备、工业建筑等使用价值的丧失，但忽略了其内在的历史价值、社会价值、科技价值、经济价值与艺术价值，造成大量工业遗产被视为废弃物而遭到破坏。保护不同历史时期具有典型代表性的工业遗产，尤其是涉及特种工艺或具有特殊意义的工业遗产，对人类文明的完整呈现具有极其重要的意义。如何保护工业遗产，更好地弘扬工业文明，更新工业城市生态成为现阶段亟待解决的问题。由于工业遗产自身的特点，对其进行保护不同于保护其他文物那样只通过单纯的展示即可达到目的，对工业遗产的保护可以通过对其进行合理的利用并转换其价值来实现，选择适合的模式对工业遗产进行改造与再利用是工业遗产保护的重要环节。

现阶段国内外工业遗产保护再利用的模式主要有：综合开发模式、景观公园模式和博物馆模式。采用博物馆模式，建立工业遗产博物馆来解决工业遗产面临的问题，承担复杂的社会功能是我国当前城市工业用地更新与保护进程中的一个重要选择。工业遗产博物馆的建设有利于完好地保护工业遗产；有利于为工业遗产的展示提供场地以弘扬工业文明；有利于社会的文化交流；有利于提升城市形象，促进城市发展。因此，工业遗产博物馆设计就成为涉及多领域的复杂体系，需要系统地分析与研究来保证设计的准确性。

当前我国很多城市正处于高速发展阶段，城市工业产业的衰减并没有导致土地的闲置，相反为城市更新提供了大量建设用地。城市结构的重构和城市中心区进入后工业时代，城市逐步向综合化、规模化、多功能方向转变，城市结构与城市产业结构正在发展中调整，为今后的产业发展和城市建设创造条件。这些城市的重点是要形成城市产业特色、城市核心区的建设特色，提升城市竞争力和活力。城市形象转变和公共文化设施的优化使得工业遗产博物馆的建设进入空前繁荣的阶段。大量类型不同、形式各异的工业遗产博物馆的建设，为我国近现代工业文化的展示和传播发挥了重要作用。但是目前我国工业遗产博物馆的设计却处于比较尴尬的境地,工业遗产本身质量参差不齐、设计要求不规范、设计师对工业遗产价值的理解不同导致设计的片面性突出,从而影响工业遗产的保护再利用。比如:单纯地追求经济利益而丧失其文化性,功能的缺失影响其运营,过度保护同样使文化资源的价值很难得到最大化的体现。工业遗产博物馆无论从功能还是视觉上都与传统博物馆有所区别,具有强烈的外部性和关联性,运用传统的博物馆设计手法解决工业遗产博物馆的空间设计问题,会导致工业遗产博物馆与其应具有的时代性脱节,难以适应当代公众的高质量需求。以用户为中心的博物馆系统设计着重于体验感受、情感互动、信息传递以及场所精神的营造,旨在通过整体性的空间体验激发公众的参与意识和自豪感,从而促进他们积极参与到工业遗产的保护再利用工作中。

城市工业用地更新问题和工业遗产保护再利用工作是复杂的城市社会综合复兴工程,其中所涉及的工业遗产博物馆更是一个承载历史、科技与文化的跨学科研究对象。将系统论设计思想运用到设计理论研究中,逐层深入分析、提炼与总结,建构工业遗产博物馆设计体系,完善设计方法,可使工业遗产博物馆设计更具系统性与完整性。工业遗产博物馆在城市发展的每个阶段都应该发挥积极的作用,本书用相关的理论对工业遗产博物馆本身物质性能、精神意义的理解进行梳理整合,以期达到城市让生活更美好的目的。

1.2 研究目标

工业遗产博物馆的开发建设是一项复杂、系统的复合化课题,其本质上涉及经济、社会与文化、物质与环境、技术与管理等诸多方面。本书对工业遗产博物馆设计的研究,是在工业遗产保护再利用的前提下,以弘扬工业文明为目标,尊重现有工业遗产的多种价值,梳理工业遗产博物馆设计系统,厘清各子系统和各设计元素的关系,提出切实可行的设计策略。如何整合现有工业遗产资源并与当代城市性格相结合,尤其是对工业遗产博物馆设计理论采用何种方法进行研究并指导设计实践是本书的重点。

对现有工业遗产博物馆相关设计理论进行系统的分析与归纳,总体思路为深入研究和展示工业文化,更好地继承与保护城市工业文化遗产,建构场所精神,使工业文化资源得到持续发展和利用,促进城市生态更新。在理论研究的基础上,针对性地提出设计策略指导设计实践。

本书以工业遗产理论为基础,通过对工业遗产博物馆设计进行系统的分析,辅以对国内外工业遗产博物馆成功案例的分析和研究,运用系统综合的研究方法,提出工业遗产博物馆的系统化设计概念,完善工业遗产博物馆系统化设计理论,并提出具有现实意义的设计策略。

1.3 研究范围

本书研究的工业遗产博物馆包含三种类型：其一，通过对工业遗产的场所、环境、建构筑物以及设施设备等进行改造，展示工业主题的博物馆，如中国工业博物馆、上海玻璃博物馆等；其二，通过对原有工业建筑遗产的改造，使其成为具有保护、展示、收藏、研究等功能的博物馆、美术馆、艺术馆等非工业主题的展览类场所，如北京今日美术馆、上海当代艺术博物馆等；其三，展示工业遗产主题的新建博物馆（主要包括涉及工业遗产的室内展陈部分），如北京汽车博物馆等。

1.4 研究意义

工业遗产本身具有重要的历史、社会、科技、经济、艺术价值，通过对它的研究可以摸清工业活动产生和发展的脉络，对研究某类工业活动的起源和历程具有重要的价值。工业遗产保留着相对真实和完整的历史信息，有助于人们研究以工业为标志的近现代社会史，同时也是对民族历史和人类创造力的尊重。而保护好在不同发展阶段具有突出价值的工业遗产，特别是保护某种特定的制作工艺或有开创意义的案例，则具有重要的历史意义。

通过建设工业遗产博物馆的模式合理利用工业遗产可以避免浪费资源，此模式对城市衰退地区的经济振兴发挥着重要作用。通过重新梳理、归类城市中的工业遗产，在合理利用过程中保留城市历史和文化底蕴，并为之注入新的活力。保护再利用工业遗产还有助于城市未来经济的发展。工业遗产展现了工业文明形成的无法替代的城市符号，工业的布局和发展直接影响着城市的格局，形成了特殊的城市肌理和内涵。要充分重视工业遗产的价值，挖掘其内在的文化资源，探索能满足社会文化需求的保护再利用方式。现今日益凸显的文化本土化更为其保护工作创造了空间，保留工业遗产不仅与其他历史建筑一样可延续城市记忆，更是一段工业文明的见证。工业遗产本身即是"历史博物馆"中代表近代工业的展品。

本书对工业遗产博物馆进行的系统化研究具有重要的理论和现实意义，代表着我国在工业遗产保护再利用领域博物馆设计的发展方向。理论研究方面，本书在系统论设计思想指导下，对工业遗产博物馆设计进行分系统分层级的研究。从文化保护的角度将场所文脉理论从文化生态学中进行抽解，更有利于探索工业遗产博物馆设计元素重构的内容，并运用社会学、城市规划学、建筑学、博物馆学的相关理论建立设计理论与工业遗产博物馆的关联，提高系统化设计理论的整体性。设计策略方面，本书在完善的工业遗产价值评估体系保障下对博物馆设计进行准确定位，同时强调博物馆设计是用一种综合的、具有整体性的观念和行为来解决各种各样的社会问题，应该不仅仅依靠文化遗产、城市规划、建筑设计等专业人员的研究，还要考虑在经济、社会、物质环境等各个方面，对处于动态变化中的博物馆设计做出长远的、持续性的改善和提高，尤其是技术手段的应用更是对这一复杂、动态系统所带来的机遇与挑战的一种反应。

本书以工业遗产保护再利用理论为基础，以系统论思想为出发点，结合博物馆发展趋势，融合多学科，运用系统性设计思想，建构具有目的性、开放性、有序性、适应性、多维性的工业遗产博物馆系统化设计观念，将工业遗产保护再利用与博物馆设计两个相对独立的系统作为一个整体系统进行研究，同时，本书对设计目标、设计结构层级、设计核心要素进行系统化研究，提出系统融合设计方法，完善了基于工业遗产保护再利用理念的工业遗产博物馆系统化设计理论。

本书基于工业遗产的真实性、完整性保护原则，提出功能适应性设计策略、空间适用性设计策略、环境协调性设计策略、技术适宜性设计策略，研究成果对当前工业遗产博物馆设计具有重要的现实意义。

1.5 国内外研究现状

1.5.1 国外研究现状

目前国外关于工业遗产博物馆的专项研究还没有形成专门的理论体系，大多是在文化遗产保护与博物馆学的框架下进行探索性设计。造成这种情况的主要原因在于：首先，工业遗产博物馆属于遗址博物馆范畴，1962年联合国教育、科学及文化组织（简称联合国教科文组织）才在《关于保护景观和遗址的风貌与特征的建议》中提出，在遗址保护和展示的过程中采用博物馆模式；其次，自20世纪70年代起人们才开始逐渐重视工业遗产的保护再利用，工业遗产的数量有限也是制约其研究发展的因素之一；最后，工业遗产保护再利用有多种模式，工业遗产博物馆只是其中的一种，保护效果有限。因此，虽然工业遗产博物馆是一种工业遗产保护再利用的有效形式，但国外更侧重以综合整体的保护再利用模式进行遗产的保护与展示，单独针对工业遗产博物馆设计实践的研究也就进展缓慢。

西方工业国家因为工业化时间早，所以也更早面临工业遗产改造的问题，先后涌现了大量优秀的工业遗产改造案例，也较多运用分析成功案例的方法来完善工业遗产保护再利用理论。例如美国的棉纺城市洛厄尔（Lowell）将博物馆和工业建筑遗产保护再利用结合起来，通过博物馆形式从各方面来阐述工业革命时期棉纺产业存在的意义以及它作为支柱产业对洛厄尔整个城市发展的影响。在景观设计领域具有很大影响力的美国纽约高线公园通过对原有铁路的改造，既保持了铁路结构的形式，同时又本着改善城市环境的理念将高线公园改造成最具有吸引力的公园，将工业遗产的历史文化价值发挥得淋漓尽致。较有影响力的德国鲁尔工业区改造应用了三种模式：综合开发模式、景观公园模式和博物馆模式，其中共有18处工业遗产博物馆，如表1.2所列。

表1.2　德国鲁尔工业区工业遗产博物馆

城　市	博物馆名称
杜伊斯堡	德国内陆航运博物馆
埃森	关税同盟煤矿工业区
	小山别墅
波鸿	德国矿业博物馆
	波鸿铁路博物馆
多特蒙德	LWL工业博物馆：措伦煤矿
	汉莎炼焦厂
	DASA职业世界展览
雷克林豪森	雷克林豪森变电站（电力博物馆）
瓦尔特罗普	LWL工业博物馆：亨利希堡船舶升降装置
乌纳	林登酿酒厂
哈根	霍亨霍夫别墅
	哈根LWL露天博物馆
维滕	LWL工业博物馆：夜莺煤矿和穆特恩山谷
哈廷根	LWL工业博物馆：哈廷根亨利希钢铁厂
米尔海姆	"宝瓶"水博物馆
奥伯豪森	LVR工业博物馆：阿尔滕贝格锌厂
	奥伯豪森储气罐

　　英国作为工业文明的诞生地拥有数量可观的工业遗产，这些工业遗产见证了工业文明对英国经济、社会发展和人类生产生活方式的改变。英国建设了大量的工业景观，将工业建筑改建为工业遗产博物馆。同时进行工业遗产旅游的探索，通过工业遗产旅游带动城市经济发展，为工业遗产保护再利用提供保障。英国重要的工业遗产博物馆如表1.3所列。

表1.3　英国重要的工业遗产博物馆

城　市	博物馆名称
布莱纳文	大基坑国家煤炭博物馆
布伦特福德	邱桥蒸汽博物馆
达克斯福德	达克斯福德帝国战争博物馆
布列福	索尔太尔村
布伦特福德	邱桥蒸汽博物馆
格洛斯特	全国水路博物馆和格洛斯特码头
利物浦	阿尔伯特码头默西赛德郡海事博物馆
兰贝里斯	国家板岩博物馆
曼彻斯特	曼彻斯特科学与工业博物馆
牛顿格兰奇	苏格兰矿业博物馆
谢菲尔德	凯勒姆岛博物馆
特伦特河畔斯多克	斯通陶器博物馆
阿伯陶埃	国家滨水博物馆
韦克菲尔德	英格兰国家煤炭矿业博物馆

对工业遗产博物馆设计的理论研究在工业遗产研究和工业遗产改造案例分析的论著中也有阐述。近年来较有影响力的论著有阿尔弗瑞和普特南于1992年出版的《工业遗产资源管理与用途》、阿杜斯于1999年出版的《英国工业遗产的世界定位》、迈克尔·斯特拉顿于2000年出版的《工业建筑保护与更新》、铁桥峡谷博物馆信托有限公司于2000年出版的《铁桥镇》、柯克伍德和尼尔于2001年发表《制造业工业遗产的后工业思考》、卡罗尔·贝伦斯于2002年出版的《欧盟的工业遗产旅游和地区重组》、卡罗尔·贝伦斯于2011年出版的《工业遗址的再开发利用》等，从不同的角度阐述了工业遗产的特点及转化手段，对我国的工业遗产博物馆设计具有积极的启示作用。

1.5.2　国内研究现状

目前国内设计学及建筑学领域关于工业遗产博物馆设计的专著十分有限。吕建昌于

2016年出版的《近现代工业遗产博物馆研究》列举了博物馆学领域国内外的大量案例，对工业遗产保护再利用的博物馆模式和工业遗产博物馆的类型、特征与内涵进行研究，提出我国工业遗产博物馆应坚持自身特色、结合社会需求、融入文化产业的发展战略，为工业遗产博物馆设计研究提供了理论指导。

国内相关的学术论文有：《基于工业主题博物馆模式的铁路工业遗产再生研究》，研究目的为以工业主题博物馆模式进行铁路工业遗产的保护与改造，从元素再利用、外部环境、建筑立面等方面提出再生设计策略，是铁路专项的工业遗产博物馆设计研究；《工业遗产在博物馆展览陈列设计中的应用研究——以沈阳中国工业博物馆铁西馆为例》，主要研究中国工业博物馆的展陈设计；《基于旧工业建筑既有产业展示的博物馆设计研究》，从旧建筑改造方面对工业遗产博物馆外立面与结构进行研究，但是缺乏工业遗产保护层面的整体性设计研究；《时空维度下工业遗址博物馆设计研究——以大华纺织工业遗址博物馆设计为例》《基于旧工业建筑改造的工业主题博物馆设计研究——以乌海一通厂为例》《近代工业遗产博物馆的保护与研究——以无锡中国民族工商业博物馆为例》等，大都基于对具体的工业遗产博物馆进行分析，对设计进行思考和探讨；《旧工业建筑改造为博物馆案例解析》《工业遗产博物馆中的"旧工业元素"再利用研究》，从建筑学的角度对旧建筑改造进行研究。可以看出，近年来国内针对工业遗产博物馆设计的研究逐渐增多，但只是局限在建筑学领域对旧工业建筑进行研究或者对展陈设计进行研究，缺少从工业遗产保护再利用的宏观视角，以弘扬工业文明为目的，对工业遗产博物馆设计的整体性指导。上述论文大多以单独设计项目为例进行设计方法的研讨，虽然都致力于工业遗产博物馆设计的研究，但缺乏系统性、整体性。

国内关于工业遗产博物馆设计研究的论文以工程设计案例介绍居多，其中2005～2019年的相关专业论文主要有：《工业遗址博物馆展陈空间设计研究》（2019）、《博物馆视野中的滇越铁路遗产保护——以云南铁路博物馆为例》（2019）、《浅论工业遗产保护和利用的博物馆模式——从唐山启新水泥工业博物馆的前世今生谈起》（2019）、《高炉炼铁工业遗产保护与更新对策研究》（2019）、《论博物馆模式与武汉工业遗产的保护和利用》（2018）、《传统手工业城市文化复兴策略和技术实践——景德镇"陶溪川"工业遗产展示区博物馆、美术馆保护与更新设计》（2018）、《青岛工业文化遗产的保护与利用研究——以青岛啤酒博物馆为例》（2018）、《工业遗产保护的博物馆模式——以德国鲁尔区为例》（2018）、《苏格兰国家矿业博物馆的空间叙事性设计》（2018）、《德国鲁尔区工业遗产的"博物馆式更新"策略研究》（2017）、《中国沈阳工业博物馆工业文化遗产的保护利用及发展前景浅析》（2015）、《首钢博物馆设计理念简析——基于工业遗产评价的再利用设计》（2014）、《从旧厂房到博物馆——工业遗产保护与再生的新途径》（2010）、《上海世博会与工业遗产博物馆》（2010）、《论工业遗产的博物馆化保护》（2009）、《关注新型文化遗产——工业遗产的保护》（2006）、《二十世纪德国对技术与工业文化遗产的保护及其在博物馆化进程中的意义》(2005)等。这些论文研究涵盖面较广，研究重点是突出各工业遗产博物馆的行业特点和个性化设计，其观点也大多集中在具体的设计和技术层面。

综上所述，随着工业遗产资源日益受到重视，工业遗产博物馆已经成为热门课题，既面临着机遇，也面临着挑战。关于工业遗产博物馆设计的研究不应局限于工程项目实践本身，研究者和实践者需要以整体性和系统性思维重新定位工业遗产博物馆的目标、对象等基本要素，同时在此基础上需要理论结合实践，进行多角度、深层次、系统整体性研究。

1.6 研究方法

本书对相关领域的基础理论进行深入研究，明确工业遗产博物馆概念的定义及理论的核心内容并进行总结。为了归纳当代工业遗产博物馆设计中凸显的问题并进行系统性分析，本书从工业遗产博物馆系统化设计概念出发，逐步完善工业遗产博物馆系统化设计理论，在研究过程中主要运用到理论研究与实证研究相结合研究法、比较分析与案例借鉴相结合研究法、系统整体研究方法、跨学科研究法等。

本书应用理论研究与实证研究相结合研究法，探索和研究国内外相关成功案例，这些案例是本书研究的有力支持。工业遗产博物馆设计是在工业遗产保护再利用理论的指导下开展，最早开始工业遗产保护再利用的国家也是西方工业国家，因此在研究过程中需要调研大量的国内外理论文献及案例资料。在梳理工业遗产保护再利用理论的基础上，探讨当代工业遗产博物馆设计的目标与策略。

比较分析与案例借鉴相结合研究法主要是对不同国家、行业、背景的工业遗产博物馆案例进行详细分析，从众多工业遗产改造设计案例中发现博物馆建设的关键问题，通过比较获得有效的解决设计问题的方案，是从感性到理性的升华过程。运用比较分析与案例借鉴相结合的研究方法，加强研究深度与广度、减少局限性，在差异性的表象下寻找共性原则，最终指导设计实践。

系统整体研究方法主要是指在系统科学的思想指导下分层次、分要素、分系统地研究影响工业遗产博物馆设计的相关因素，深入剖析博物馆设计中的主要矛盾，提出工业遗产博物馆的整体性设计策略，并从空间概念、环境设计、技术手段等多角度完善工业遗产博物馆设计策略。

跨学科研究法聚焦工业遗产博物馆的功能并非单一展示或保护，而是复杂的系统这一特征，涉及历史、艺术、科学、教育、社会学等多个学科。本书从设计学的角度，综合了博物馆学、建筑学、环境心理学、环境行为学、经济学等学科的相关理论，强调工业遗产博物馆设计的复杂性，并多方面分析问题得出结论。

1.7 研究框架

本书的研究框架按照提出问题、分析问题、解决问题三部分展开。

第一部分是提出问题，主要对应第1章内容。

第1章对当代中国工业遗产保护再利用的背景进行简要概述，提出研究的核心问题：通过设计改变工业遗产博物馆现状，促进中国工业遗产保护再利用并传承与弘扬工业文明，同时从工业遗产保护再利用的角度深入研究工业遗产博物馆的设计策略，界定研究对象为中国范围内通过对工业遗产的场所、环境、建构筑物以及设施设备等进行保护再利用，使其成为具有保护、展示、收藏、研究等功能的博物馆空间，包括博物馆、美术馆、艺术馆等主题性空间，并介绍了国内外相关研究现状，明确了研究意义、研究方法、研究框架。

第二部分是分析问题，主要对应第2章、第3章内容。

第2章系统地对文化遗产保护理论的内涵与外延进行辨析，明确了工业遗产、博物馆等相关概念，探讨了工业遗产保护再利用的系统性，阐述了工业遗产保护与再利用之间相辅相成的有机关系。

第3章从探讨工业遗产博物馆设计的影响因素入手，分析工业遗产博物馆设计的系统化趋势，论述系统化趋势的外在因素与内在因素，探讨了系统化趋势的表现形式和对工业遗产博物馆设计的影响。

第三部分是解决问题，主要对应第4～8章。

第4章对工业遗产博物设计进行了系统化研究。

第5～8章分别从功能适应性、空间适用性、环境协调性、技术适宜性四大方面对工业遗产博物馆系统性设计策略进行分层建构。

总之，本书以工业遗产保护再利用为基础，综合多学科领域，系统地分析总结，提出工业遗产博物馆设计的系统化设计概念，并丰富了工业遗产博物馆系统化设计理论，总结了其设计方法与设计策略。本书的研究框架如图1.1所示。

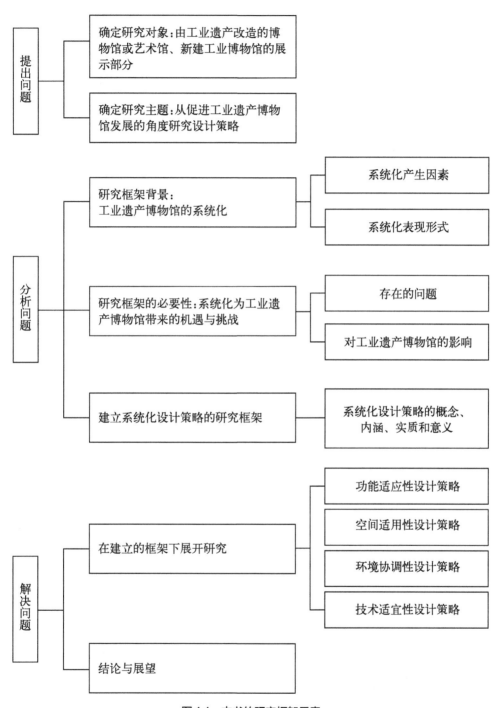

图1.1 本书的研究框架示意

第2章

工业遗产博物馆设计的相关概念

工业遗产博物馆兼具工业遗产保护功能与博物馆功能，以弘扬工业文明为目的，受文化遗产保护理论的影响，同时也与博物馆的发展密切相关。

工业遗产作为工业文明的见证是文化遗产的重要组成部分，随着城市发展与文明进步，保护文化遗产的重要性得到广泛认可，相关国际宪章、公约、宣言相继出台，用以规范文化遗产保护行动。目前，我国的文化遗产保护工作达到前所未有的高度，工业遗产博物馆的建设也如火如荼地展开。

2.1 文化遗产保护理论

文化遗产保护理论起源于古代西方，日益发展壮大后形成了对文化遗产保护与利用活动进行约束与规范的理论。国际上关于文化遗产保护的理论对我国的文化遗产保护工作产生了很大的影响。

工业遗产作为文化遗产的重要组成部分，其保护再利用也应遵循文化遗产保护相关的法律法规。工业遗产博物馆设计既要满足工业遗产保护再利用的展示需求，又要保证博物馆具体功能的实现。探究工业遗产保护再利用的系统性设计理论，用以指导工业遗产博物馆设计，有利于文化遗产保护理论的实施。

2.1.1 文化遗产保护理论的发展演变概述

（1）文化遗产保护萌芽时期

在古希腊、古罗马时期，西方的皇室、贵族、教会热衷于收藏古代珍品和遗物。发展至中世纪时期，在教堂设置用于收藏和陈列的专室，收藏和陈列的多为古代的艺术品，保护状态相对零散、局部、缺乏系统性；到了文艺复兴时期则主要研究早期文化艺术，收集古希腊、古罗马的古物；法国大革命后人们逐步认识到遗产的价值，采取了最初的文物保护措施并成为现代文化遗产保护立法的基础。

（2）文化遗产保护争鸣时期

18世纪由于考古学对遗产保护的启蒙，人们开始挖掘遗产的文化价值。18世纪工业革命前后，文化遗产保护运动肇始，开始重视文物保护修复，这段时期对文物建筑修复主要有三个不同学派的修复理念：法国学派、英国学派、意大利学派。

（3）文化遗产保护共识形成，内涵不断丰富拓展时期

从18世纪中期到20世纪，文化遗产保护的内涵完成了由追求"风格复原"到达成"真实性"共识的转变，主要表现在四个方面：其一，由纪念建筑（例如宫殿、教堂）类遗产保护转为普通建筑、乡土建筑、世间遗产的保护；其二，由建筑单体到群体到历史地区、历史城镇，再到区域文化遗产（文化线路等）的转变；其三，由单一建筑纪念物到多样类型（工业遗产、文化景观、历史城镇）；其四，由静态遗产（建筑、遗址）向活态遗产（村落、街区、城镇）的转变。关于文化遗产保护的重要国际文件如表2.1所示。

表2.1　关于文化遗产保护的重要国际文件

文献	《关于历史性纪念物修复的雅典宪章》（1931）	《国际文物古迹保护及修复的宪章》（1964）	《保护世界自然和文化遗产公约》（1972）
倡议	反对整体重建，否定风格性修复，强调新材料的可识别性，注重遗产周边地区的保护	提出古迹保护基本概念、规则、方法，强调真实性、完整性的保护	保护具有突出普遍价值的文化和自然遗产

随着保护对象的增多和保护范围的扩展，文化遗产保护工作与方法也逐步改进。保护范围从保护单体文物到保护周围的环境，再扩展到保护历史片区。保护工作从保护文物建筑本体扩展到保护历史地段的风貌，从保护有艺术价值的少数建筑物扩展到保护城市建设史上有典型意义的一般建筑物。保护方法也从针对文物建筑的保护性修复发展到针对历史地段的整体性保护，再发展到在当代可持续发展的社会大环境下合理解决保护与发展的矛盾。

在文化遗产保护国际化的趋势下，还成立了多个官方或非官方的遗产保护组织，如国际联盟（1920）、联合国教科文组织（1945）、国际博物馆理事会（1946）、世界自然保护联盟（1948）、国际文物保护与修复研究中心（1958）、国际古遗址理事会（1965）、联合国教科文组织世界遗产委员会（1976）、国际工业遗产保护委员会（1978）、世界遗产中心（1992）、世界遗产城市联盟（1992）、国际蓝盾委员会（1996）、联合国教科文组织国际文化与自然遗产空间技术研究中心（2009）等，这些组

织提出了多个宪章、公约、宣言和研究报告等文件，不断推动遗产保护理论研究与实践工作向前发展。这些遗产保护组织和机构的设立和不懈努力为文化遗产的保护与研究提供了保障，它们彼此之间互相协同，构成了评估、保护文化遗产的组织体系。

2.1.2 工业遗产保护再利用理论的发展演变概述

英国是工业遗产保护再利用研究的先驱，在19世纪中期提出的"工业考古"引发了更多的人关注工业遗产保护再利用问题，政府和相关行业组织加强了对工业遗产管理的重视，最终发展为工业遗产保护再利用理论，这是西方国家的研究轨迹。英国自1968年开始对工业革命与工业大发展时期的工业遗产进行记录与保存，在20世纪70年代形成了较为完整的工业遗产保护再利用理念。纵观国外工业遗产保护再利用理论的发展历程，可以分为四个阶段，如表2.2所示。

表2.2　国外工业遗产保护再利用理论的发展与演变

阶段	时间	组织／个人	内容／意义
肇始阶段（20世纪50年代）	1955年	英国学者迈克尔·里克斯	提出了"工业考古"的概念，强调对工业革命以及工业大发展时期的工业遗迹以及遗物进行研究、调查和保护，这一学科使人们开始萌发了保护工业遗产的最初意识
初创阶段（20世纪60～70年代）	1963年	英国学者肯尼斯·哈德逊	出版《工业考古学导论》，探讨了对工业考古研究的目标和方法，推动了工业遗产相关理论的研究
	1968年	英国伦敦工业考古学会成立	该学会记录了伦敦工业历史遗存，倡议加强对工业遗产的保护再利用
	1973年	工业考古协会创立	在铁桥峡谷博物馆召开了第一届国际工业纪念物大会，工业遗产的这个概念被提出，引起了世界各国对工业遗产的关注，越来越多的学者开始投入到工业遗产的保护再利用研究中，较为完整的工业遗产保护再利用理念也逐渐形成
	1978年	第三届国际工业纪念物大会	国际工业遗产保护委员会成立，成为第一个致力于工业遗产保护的国际组织，该组织也从事国际古迹遗址理事会（ICOMOS）工业遗产问题的咨询
世界遗产化阶段（1986～2005年）	1986年	铁桥峡被收入《世界遗产名录》	是第一个因工业而收录的世界遗产，标志着工业遗产世界遗产化的开始

阶段	时间	组织 / 个人	内容 / 意义
世界遗产化阶段（1986～2005年）	1994年	世界遗产委员会（UNESCO）	发布《均衡的、具有代表性的与可信的世界遗产名录全球战略》，在该文件中特别强调了"工业遗产"是遗产类型中的一类
	1996年	国际古迹遗址理事会（ICOMOS）国际工业遗产保护委员会（TICCIH）	进行了"世界运河遗产名录""世界桥梁遗产""世界铁路遗产""世界煤矿研究"等研究
	2003年	国际工业遗产保护委员会（TICCIH）	通过《下塔吉尔宪章》，宪章对工业遗产做出了权威的定义：工业遗产是指工业文明的遗存，它们具有历史的、科技的、社会的、建筑的或科学的价值。这些遗存包括建筑、机械、车间、工厂、选矿和冶炼的矿场和矿区、货栈仓库，能源生产、输送和利用的场所，运输及基础设施，以及与工业相关的社会活动场所，如住宅、宗教和教育设施等
主题化阶段（2006年以来）	2005年	国际工业遗址理事会（ICOMOS）	将2006年4月18日"国际古迹遗址日"的主题定为"保护工业遗产"，希望利用这一机会，使工业遗产保护成为全世界共同关注的课题，国际专业人士和有关专家能够就工业遗产保护问题展开广泛合作
	2010年	国际工业遗产保护委员会、国际技术史委员会、国际联合劳动博物馆协会	召开国际工业遗产联合会议，确认会议主题为"工业遗产再利用"
	2011年	国际工业遗址理事会（ICOMOS）	通过《都柏林原则》，其中"共同保护工业遗产所在地区域文化和本体结构以及景观的原则"被定为全世界各个成员国相关部门和单位必须遵循的最基本规则
	2012年	国际工业遗产保护委员会	主题为后殖民和工业遗产的重新解读，关注历史、政治、环境、种族、经济、技术、工业遗产与社会问题之间的紧密关系

　　我国在20世纪90年代才开始关注对工业遗产保护再利用的研究，受国外工业遗产保护再利用实践及理论的影响，主要研究是建立在对国外的工业遗产保护再利用概念与理论回顾的基础上进行的。2006年，《无锡建议》发布后，国内学界初步形成工业遗产保护再利用系统化研究。通过检索中国知网数据库发现，截止到2019年，关于"工业遗产"的学术论文共5261篇，从2006年起关于工业遗产方面的研究从数量到质量都有明显的提升，对我国工业遗产保护再利用的特点总结如表2.3所列。

表2.3　国内工业遗产保护再利用理论的发展演变

阶段	时间	事件／人物	文件／会议	内容／意义
摸索型探索阶段（1986～2005年）	1986年	清华大学汪坦	中国近代建筑史研讨会	标志着中国近代建筑研究的开始。随后展开了全国范围的近代建筑调查和研究工作，近代工业建筑作为近代建筑的一个组成部分，也在调查研究之列，但没作为中国近代建筑以及保护的重点
	1991年	上海市政府	《上海市优秀近代建筑保护管理办法》	中国第一部关于近现代建筑的法律条例
	1997年	上海市政府	上海市人民政府第53号令	修正并重新发布《上海市优秀近代建筑保护管理办法》
	2002年	上海市政府	《上海市历史文化风貌区和优秀历史建筑保护条例》	将在中国产业发展史上具有代表性的作坊、商铺、厂房和仓库列入优秀历史建筑保护内容中
	2005年	一批专家学者	对工业遗产保护再利用进行学术研究的论文	主要集中在工业遗产旅游及工业旧址改造等方面，且这些学者尚未提出"工业遗产"的概念
关键性的转折年（2006年）	2006年	国家文物局	中国工业遗产保护论坛通过了《无锡建议》	通过了在中国工业遗产保护历史上具有里程碑意义的《无锡建议》，该建议将工业遗产定义为"具有历史学、社会学、建筑学和技术、审美价值和科研价值的工业文化遗存。包括建筑物、工厂车间、磨坊、矿山和机械相关的社会活动场所，以及工艺流程、数据记录、企业档案等物质和非物质文化遗产"。同年，国家文物局下发了《关于加强工业遗产保护的通知》，在国家层面拉开了中国工业遗产保护的序幕
实质性进展阶段（2007年至今）	2007年	国家文物局	第三次全国文物普查	首次将工业遗产纳入调查范围，工业遗产成为新发现遗产的主要内容
	2008年	国家文物局主办、无锡市政府承办	第三届中国文化遗产保护无锡论坛	论坛以"保护20世纪遗产"为主题
	2010年	中国建筑学会工业建筑遗产学术委员会	《武汉建议》《北京倡议》	推动了我国工业遗产研究的热潮
	2012年	中国工业遗产保护研讨会	《杭州共识》	提出了开展全国工业遗产普查的建议，对我国工业遗产判定制定了标准，建立了审批管理机制

2.1.3　工业遗产保护再利用理论与工业遗产博物馆

2003年通过的《下塔吉尔宪章》中工业遗产的基本概念是"凡为工业活动所造建筑与结构，此类建筑与结构中所含工艺和工具及这类建筑与结构所处城镇与景观，以及其所有其他物质和非物质表现，均具备至关重要的意义"；"工业遗产包括具有历史、技术、社会、建筑或科学价值的工业文化遗迹，包括建筑和机械、厂房、生产作坊和工厂、矿场以及加工提炼遗址、仓库货栈、生产、转移和使用的场所、交通运输及其基础设施，以及用于居住、宗教崇拜或教育等和工业相关的社会活动场所"。由此可知，工业遗产在时间、范围、内容等方面都具有广泛的内涵和外延。

在理论研究方面，国外许多国家都进行了有益的探索，从研究涉及的区域来看，主要集中在欧洲和美洲等发达工业国家，如英国、法国、西班牙、瑞典、荷兰、美国、加拿大等国家，而亚洲地区保护再利用研究工作做得比较好的是日本。国际工业遗产文献的相关内容主要源于联合国教科文组织、世界遗产委员会公布的相关文件与发行的期刊、国际古迹遗址理事会公布的文件、国际工业遗产保护委员会公布的文件与发行的期刊。因为国外对工业遗产的改造再利用的研究介入较早，对工业遗产的价值研究得十分深入，为其改造再利用奠定了坚实的基础，所以较多地是通过具体的案例分析进行工业遗产保护再利用的研究，具体内容见表2.4。

表2.4　国外工业遗产保护再利用理论研究汇总

研究方向	研究者	名称／案例	研究内容
工业遗产的保护再利用与当地经济、社会和文化发展的关联	Calvin、Max	英国卡莱纳冯工业区景观	研究工业遗产的保护再利用对当地经济发展的影响
	Anders	瑞典石棉水泥工业区改造	分析了工业遗产转型过程中的优缺点
	Shackel	哈珀斯费里国家历史公园的弗吉尼亚斯岛	研究表明政府在工业遗产保护再利用工作中忽视了工人生活和社区发展的历史
	Paz Benito	西班牙工业遗产保护再利用案例	研究认为政府机构与学术团体、当地社区之间存在明显的失配，表现在对工业遗产的保留问题上普遍缺乏兴趣甚至拒绝。原因在于将工业遗产当作一种经济资源来利用，而忽视了与工业记忆和地方认同的联系
	Mihye、Sunghee	从文化层面研究如何运用文化政策保护工业遗产	研究认为对工业遗产的研究不仅仅是适当再利用层面，还应该挖掘其文化价值，得出对工业遗产的保护再利用需要通过创造一致性的概念和共同的价值观，引导公众参与，设置保护再利用的目标和方法

研究方向	研究者	名称／案例	研究内容
工业遗产旅游的研究	Pat Yale	《从旅游吸引物到遗产旅游》	对工业遗产旅游资源做了分类，并以英国第一个"世界遗产"工业地铁桥峡谷为案例介绍了其旅游发展历程，是一部系统介绍工业遗产及旅游的代表性的研究成果
	Beaudet、Lundgren	加拿大魁北克工业遗产旅游开发	认为工业遗产旅游是社会逆工业化以及生产电脑化、全自动化所引发的一种社会经济现象
	Andrew	工业旅游策划与营销	认为工业遗产旅游对工业城市的城市形象、发展和营销都具有很大的影响
	Tracey	工业旅游模式分析	对旅游开发是否是工业遗产保护再利用的手段提出了质疑，并分析了其缺陷和可取之处

在工业遗产保护再利用理论研究方面，国内与国外相比对工业遗产的价值评价体系研究还不够全面和深入，受城市产业结构调整的影响直接进入了改造设计和价值研究并进的阶段。但国外丰富的实践活动为我国工业遗产保护再利用的实践提供了可循的先例，并有成熟的工业遗产保护再利用技术可供借鉴。我国工业遗产研究是在对国外理论研究与成功案例分析的基础上进行的，结合国内工业遗产的实例，形成了我国工业遗产改造的理论体系。近年来我国工业遗产博物馆的兴建也推动了工业遗产保护再利用的研究在深度和广度方面进一步加强，逐渐向系统化、多学科化的方向发展。工业遗产博物馆作为工业遗产保护再利用的主要模式之一，与工业遗产保护再利用理论的几个研究方向都密切相关，具体表现在以下几个方面。

（1）工业遗产保护再利用研究方向

工业遗产保护再利用是工业遗产博物馆建设的根本目的，工业遗产博物馆是工业遗产保护再利用的有效手段，二者互相依存、不可分割。表2.5为工业遗产保护再利用研究方向。

表2.5　工业遗产保护再利用研究方向

研究者	名称／案例	研究内容
韩福文、王芳	辽宁工业城市	对其工业的基本状况和工业城区、工业资源等进行了展示分析，通过剖析工业遗产保护再利用的重要作用提出了辽宁工业特色文化的发展路径
吴佳雨	黄石矿冶工业遗产	通过对工业遗产资源保护、遗产区域生态修复、遗产游憩系统构建、遗产管理维护体系四个方面的讨论进一步提出了中国工业遗产保护再利用的方法和途径
何军	辽宁沿海经济带	对工业遗产的构成、保护成果、问题等进行了分析，并在此基础上提出了政府主导、区域合作、分期开发、创意产业带动协同发展四种具体的保护再利用模式

研究者	名称／案例	研究内容
王建国	《后工业时代产业建筑遗产保护更新》	论述了产业建筑遗产保护更新和再利用的内涵、意义和价值，提出了产业建筑价值评定及分析的界定和分类标准，对产业类建筑保护再利用的实施策略、具体方法、技术手段和效益等进行了系统的分类和总结

（2）工业遗产旅游研究方向

工业遗产博物馆是工业遗产旅游产业链的重要一环，工业遗产旅游的顺利开展为工业遗产博物馆有效运营提供保障。工业遗产旅游研究方向如表2.6所示。

表2.6　工业遗产旅游研究方向

研究者	名称／案例	研究内容
李蕾蕾	德国工业旅游	对工业旅游的缘起和在德国的发展过程与经验进行了介绍，对德国工业旅游的典型案例进行了分析，对中国工业遗产保护再利用有所启示
刘会远	德国工业旅游	从"技术集合"和"工艺圈"的培养和维护、工业技术的文化价值、工业旅游活动中的体验和领悟，以及后现代思潮对工业旅游活动的影响等方面，探讨了德国工业遗产保护再利用和工业旅游开发中的人文内涵
林涛	上海市的9个典型工业遗产	以游客对工业遗产原真性感知为依据，提出了当前工业遗产旅游中无论是对游客体验，或是遗产地社区居民而言，原真性的缺失这一重要问题，并对该问题进行了研究
韩福文	东北工业遗产旅游	采用德尔菲法和层次分析法建立了东北旅游价值评价体系，并对其进行了研究，对东北工业遗产旅游的现状进行了分析并提出了对策
李丽、李悦铮	辽宁省工业遗产	选取评价因子进行了工业遗产旅游资源评价
张立峰、鹿磊	大连工业遗产旅游	对大连旅游开发的动力机制进行了探析，并对大连工业遗产旅游开发提出了相应策略
骆高远	工业遗产的旅游价值	对工业遗产保护再利用模式的现状进行了研究，针对出现的问题提出了相关对策
李林、魏卫	国外工业遗产旅游	对国内外工业遗产旅游研究进行了综述，对比研究后客观认识了我国工业遗产旅游的现状
佟玉权	国内外工业遗产保护再利用与旅游开发	提出了由4个大类16个类型所构成的工业遗产旅游价值评估的指标体系

（3）工业景观研究方向

工业遗产保护力求完整性。在工业遗产博物馆建设过程中，注重工业景观设计，使二者相得益彰，构建完整的工业遗产保护体系。工业景观研究方向如表2.7所示。

表2.7　工业景观研究方向

研究者	名称／案例	研究内容
王向荣	港口岛公园和北杜依斯堡景观公园	指出当代景观设计师需要冲破传统的束缚，大胆地在设计中运用展示当代文化特色的设计语言，来表达设计项目的独特性和时代感
贺旺	《后工业景观浅析》	以生态策略与景观设计方法推进工业废弃地的景观更新和工业遗产资源的保护再利用，总结了后工业景观的发展历程与后工业公园设计的模式，从景观的角度研究了工业遗产的保护再利用
李辉、洪静	《基于工业遗产地的休闲景观开发模式探析》	提出将作为工业时代历史景观的工业遗产地开发为休闲景观的思路
张松	《上海黄浦江两岸再开发地区的工业遗产保护与再生》	提出了将工业遗产打造为滨江文化景观的设计策略
王向荣、任京燕	《从工业废弃地到绿色公园——景观设计与工业废弃地的更新》	从废弃工业建构筑物和工业设施的处理、工业生产后地表痕迹的处理、废料利用和污染处理、植物景观设计等方面阐述了后工业景观的设计手法
戴代新	《后工业景观设计语言》	以上海宝山节能环保园核心区为例，提出了后工业景观设计应注重技术与艺术结合、空间与场所的塑造

（4）城市空间研究方向

工业遗产是工业城市的城市记忆与象征，工业遗产博物馆的建设有助于重构城市空间，提升城市形象，形成城市特色名片。城市空间研究方向如表2.8所示。

表2.8　城市空间研究方向

研究者	名称／案例	研究内容
王建国、张愚、沈瑾	《唐山焦化厂产业地段及建筑的改造再利用》	从城市总体布局结构的调整和优化角度对唐山焦化厂所在城市地块的用地整治和改造再生进行了研究，并将历史文化和物质空间形态有机结合作为地块保护再利用的设计技术支撑
张毅杉、夏健	对工业遗产保护再利用理论和实践问题进行了反思和思考	提出用"自上而下"与"自下而上"相结合的城市规划方法对工业遗产保护再利用进行研究
王鑫	城市文化空间	探讨了工业遗产与城市文化的关系，从工业遗产的空间性与时间性、时间维度与情感维度探讨了北京工业遗产与城市文化空间的关系圈
王芳、韩福文	无锡工业遗产	论述了其旅游价值及其在城市文化建设中的作用
鹿磊、韩福文	文化创意产业	探讨了工业遗产旅游开发的优势，并以此提出了大连工业遗产旅游的开发策略

研究者	名称/案例	研究内容
展二鹏	青岛工业遗产	指出了城市体制、空间结构变化对功能布局及工业遗产形态的影响，提出了相应的规划对策
田燕、黄焕	巴黎不同时期工业遗产再利用案例	分析了工业遗产在城市中再生的方式
张健	工业遗产社区化转型实施对策	认为该策略可以推进城市空间形态的重构，创建新型社区环境
孟播磊	工业遗产改造再利用过程中的特点和规律	分析了工业遗产的改造再利用对周边的城市空间发展的作用和价值
张毅杉、夏健	城市功能地位和空间整合	从城市尺度上探讨了工业遗产改造再利用的整体性策略
丁新军	城市"地方性"	分析了工业遗产的适应性，并初步构建了基于"地方性"的工业遗产适应性再利用概念模型

（5）工业遗产价值评估研究方向

工业遗产博物馆设计的前提是进行工业遗产价值评估，对工业遗产价值的准确把握有利于制定合理的设计原则，从而对设计准确定位。工业遗产价值评估研究方向如表2.9所示。

表2.9 工业遗产价值评估研究方向

研究者	名称/案例	研究内容
刘伯英	北京工业遗产的价值评价体系	建立了量化的工业遗产评价办法以及工业遗产的保护分级
于磊	中国七个典型的城市	为研究和建立全国的评价体系提供了资料基础
王长松	山东淄博工业遗产	提出了其工业遗产保护与发展的路径
许东风	重庆工业遗产	从定性和定量两个角度探索工业遗产的价值评估方法，以此为基础确定了工业遗产的四种保护再利用梯度
于森	工业遗产普遍价值构成	从现代哲学价值的研究角度对工业遗产的价值构成因素进行了进一步细化
陈凡	工业遗产价值生成	从人文社会、历史文化、工艺审美、经济实用及教育宣传角度对工业遗产的价值向度进行了研究

研究者	名称／案例	研究内容
王慧	工业遗产旅游开发研究	运用灰色综合评价法构建了农村工业遗产旅游价值的多层次灰色综合评价模型
徐艳芳	工业遗产价值实现模式	从产业化的角度对工业遗产的价值实现问题进行了研究，认为工业遗产的价值主要有四种实现方式：旅游经济模式、会展经济模式、艺术与创意经济模式及城市文化塑造模式

由于工业遗产博物馆的特殊属性，它的建设要以工业遗产保护再利用理论为基础，在系统论思想指导下，坚持整体性设计原则，以工业遗产保护再利用为目的，综合分析多种设计影响因素，打造体现工业遗产价值的特色博物馆空间。

2.2 博物馆的发展与演变

2.2.1 博物馆的发展

博物馆起源于人们的收藏与纪念意识，对有特定意义或珍稀的物品进行保护，具有收藏、展示等功能的场所可以理解为广义的博物馆。古代博物馆的主要功能是收藏与保护，近代博物馆在工业革命后除收藏展示的功能外，演变出教育与研究、社会服务功能。现代博物馆在此基础上对其社会功能进一步扩大，更具开放性的同时也促进了博物馆自身的发展。表2.10为世界博物馆发展状况总结。

表 2.10　世界博物馆发展状况总结

时间	服务宗旨	社会功能
16世纪末	不向公众开放，以物为主	以收藏为主，兼具研究与教育功能
18世纪	向社会民众传播文化知识	强调教育功能
20世纪60年代	以教育为中心	教育国民、提供娱乐
20世纪末	以观众为中心，以信息为基础向社会提供更广泛的服务	教育、社会服务
21世纪	以人为本	教育、文化传播

2.2.2　当代博物馆的概念

博物馆是广泛而集中地进行科学研究、知识传播,具有高度综合性的文化殿堂。如何给博物馆一个更为准确的定义,一直是学界争议的焦点。国际博物馆协会成立于1946年,一直致力于博物馆概念的明确。1974年,第十一届国际博物馆协会通过的章程将博物馆定义为:"博物馆是一个不追求营利,为社会和社会发展服务的,公开的永久性机构。它以研究、教育和欣赏为目的,对人类和人类环境的见证物进行收集、保护、研究、传播和展览。"2007年8月,第二十一届国际博物馆协会将当代博物馆定义再次修订为:"博物馆是一个为社会及其发展服务的、向公众开放的非营利性常设机构,以研究、教育、欣赏为目的而征集、保存、研究、传播并展出人类及人类环境的物质及非物质文化遗产。"该定义进一步深化了博物馆的功能目标,让博物馆成为以保护、研究、传播人类及人类环境的物质及非物质文化遗产为目的的社会非营利性机构,扩大了博物馆的社会功能和范畴。

2.2.3　当代博物馆的系统性特征

博物馆主要有收藏展示、学术研究和社会教育三大功能。社会发展也导致博物馆功能发生相应的变化,当代博物馆更关注文化交流与传播、休闲娱乐、体验互动等方面。博物馆的功能转变如图2.1所示。

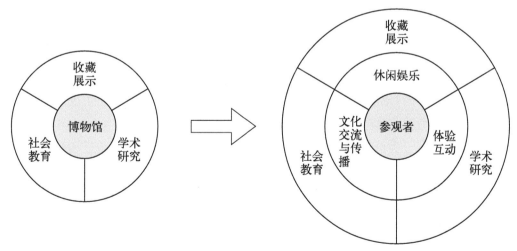

图 2.1　博物馆的功能转变示意

为满足社会生活的需要,博物馆也更具亲和力,使人们在轻松愉悦的环境下接受文化熏陶也是其魅力所在。博物馆是文化载体,代表着城市形象与价值取向,作为一件城市中的展品，宣扬其特有的文化形象与场所精神。当代博物馆也更多地容纳了非博物馆内容，成为公共交流场所，空间更为开放，空间氛围更为舒畅愉悦。当代博物馆从设计风格到技术体系都具有明显的时代特征，同时作为地区文化象征又具有典型的地域特点。随着体验经济的到来，当代博物馆也从空间到手段上做出改变以迎合这一需求，使参观者能够获得良好的参观体验。

2.3 工业遗产保护再利用的系统性

2.3.1 工业遗产保护再利用

工业遗产是工业文明发展的物质载体，并对区域经济、社会形态的发展起着积极促进作用。我们在认识其内在的历史文化价值、科学技术价值、社会价值、艺术价值、经济价值的同时，也应该注意到不同行业工业遗产价值构成的差别。合理保护再利用工业遗产，就是保护社会历史文化资源，也是保持城市持续发展和活力的科学方法。在工业遗产保护最初阶段主要是采取拆除重建的方法，过渡阶段为了节约成本而采用了一种更科学的改造方式，在保护再利用阶段更关注场地历史与文脉的保存，强调生态修复与环境提升，强调工业遗产与城市发展的关系。在城市化进程中，通过工业遗产保护再利用的手段，达到重构城市公共空间秩序，彰显城市文化性格特征的目的。

工业遗产是重要的人类文化遗产，它在性质、形态、特征等方面又区别于其他类别的文化遗产。工业遗产保护的目的是再利用，再利用的结果是合理的保护，二者是辩证统一的关系。对旧工业遗产中有价值的建筑或设施进行评估后，赋予其新的功能，满足新的要求，这都是在基于对工业遗产保护的基础上完成的。国际上关于历史建筑保护的文献如《雅典宪章》《威尼斯宪章》《巴拉宪章》等都针对建筑遗产提出了改造再利用的原则，这也为改造工业遗产提供了参照。

工业遗产作为一类价值突出、内涵丰富的文化类遗产是极具时代特征和风貌特色的人类历史文化资源，理应得到妥善的保护和合理利用。工业遗产的保护再利用在当代具有极强的经济和社会效益，通过工业遗产的保护再利用，能够延长现有工业结构的使用周期和能源资源利用状况，有利于区域和城市可持续发展。

2.3.2 发达国家工业遗产保护再利用

作为联合国认证的世界遗产的重要组成部分之一，工业遗产已经受到全世界的关注。

二十世纪六七十年代，后工业革命时代的到来使西方国家必须面对工业遗产问题，英国、美国等国家率先成立了工业考古组织。尽管如此，世界遗产委员会公布的第一批世界遗产名录中，虽然包含了部分与工业和技术相关的文化遗产，但仍然没有明确"工业遗产"的概念。经过工业考古工作者的努力，"工业遗产"和"工业考古"的概念得以延伸，工业遗产保护逐渐在国际上达成共识。1978年国际工业遗产保护委员会在瑞典成立，标志着工业遗产的保护开始成为世界范围内的命题。

工业遗产的再利用，最初发端于对旧工业技术的传承。无论是专业的工业研究者，还是民间的业余爱好者，都希望通过工业考古来记录和传承传统工业技术。同时，对于一个国家来说，挖掘出工业遗产的政治意义，也能够唤起民众对国家发展的记忆、民族自豪感与文化归属感。

作为工业革命的发源地，英国在20世纪50年代经历了交通运输业和钢铁业、纺织业等传统产业的衰落，以这些行业为主的城市陷入了如何处理大量工业遗产的窘境。70年代后期，英国政府专注于工业遗产改造，从研究工业遗产价值着手，通过赋予旧厂房以新的功能来实现价值重现。以利物浦阿尔伯特码头为例，合理的设计使其重新焕发出新的光彩。1981年，通过合理的设计和开发阿尔伯特码头被转变为功能丰富的城市休闲中心。2011年，又在阿尔伯特码头创建了利物浦博物馆用以展示码头的历史。除此之外，谢菲尔德火车站和原河畔发电站被改建成伦敦泰特现代美术馆，这些都是英国的工业遗产再利用实践道路上的成绩。

工业遗产保护与再利用的过程中经常运用到博物馆这种形式。博物馆除了可以保护工业遗产外，还可以发挥展示教育职能，利用馆藏开展普及科学技术知识的活动，实现工业遗产的文化价值。位于美国底特律郊区的"绿野村庄"和汽车博物馆由汽车大王亨利·福特亲自策划和建造，收藏了福特汽车公司历史上诸多著名的车型。作为福特汽车公司诞生地的"绿野村庄"不但留存了福特汽车公司最古老的工厂，还保留了莱特兄弟、爱迪生等科学家的实验室和故居，可以说是囊括了工业史上最伟大发明家的工作场景。

工业遗产的再利用也给西方国家的旅游业带来了新的契机，一些国家力争把工业遗产变为旅游胜地与文化地标。将工业旅游作为工业遗产再利用的目标，著名的成功案例是美国洛厄尔国家历史公园，如图2.2所示。

以纺织工业而闻名的洛厄尔是美国第一个工业城市，1826年洛厄尔建立工业城镇。到1880年，新英格兰地区的纺织工人占全美一半以上。到20世纪50年代，洛厄尔的布特棉布厂和梅里麦克工厂先后关闭。60年代，梅里麦克工厂被全部拆除，市议会和政府并进一步提出将洛厄尔城市的里程碑运河填埋。这时有人提出建设一个以劳动和工业历史为特点的工业历史公园的计划。这项计划的主要倡导者、教育家莫根坚持认为："任何城市的振兴，应当建立在其工业和民族遗产的基础之上，这是城市的精神根基，是拯救

图 2.2　美国洛厄尔国家历史公园

城市经济的关键"。洛厄尔国家历史公园于 1974 年落成，这是美国第一个整体保护的工业历史街区，它将工业建筑和设备以及工业周边配套整体保护。"它不是单个的工业设备或纺织厂，也不是工人住宅，而是呈现完整的历史故事"。它把城市中不同的历史遗址串联起来，以"历史在那里发生"的各个场所，向公众提供一种强大的历史场所感，整个洛厄尔城市就是一座露天工业主题博物馆。博物馆呈现美国纺织工艺的发展和纺织生产工艺，通过精彩的展览设计、丰富的影像资料和图片、文献等，向观众展示纤维、纺织原料以及美国纺织工业的历史。

　　同样改造成功的案例还有德国鲁尔工业区，如图 2.3 所示。鲁尔工业区最初是一个以煤和钢为基础的重工业区，以重化工业闻名世界。第二次世界大战后，随着鲁尔工业区的工厂相继倒闭，该区域逐渐衰败。1989 年，鲁尔工业区开启复兴计划，旨在通过城市复兴与遗产再利用手段让它重现生机。如今的鲁尔工业区已经变身为科学公园，炼钢厂、煤渣山等生产旧址在改造中得以保留，结合景观设计为工业旅游创

图 2.3　德国鲁尔工业区

造了条件，设计师将曾经的铁铸造厂改造为购物中心，配有餐饮服务设施等。在鲁尔工业区奥伯豪森城内大量瓦斯槽原本是用来储存炼钢燃料，后被改造为独具空间特点的展览区，每年夏天举办不同主题的展览；同时工业区的12号采矿区也将工业建筑改造为博物馆，并保持馆内机械设备都正常运转，使游客能够直观体验到真实的生产过程。

鲁尔工业区的工业遗产保护再利用有多种模式，通过对鲁尔工业区的工业遗产再利用分析可以总结出以下开发模式：博物馆模式、公共游憩空间模式、与购物旅游相结合的综合开发模式、区域一体化模式等。鲁尔工业区的工业遗产博物馆与传统工业博物馆有一些不同之处，其中最明显的区别在于这种博物馆几乎都是遗址性博物馆。出于保护工业遗产的需要，如果旧厂房、仓库等工业建筑遗产现存条件具备，厂房、车间中的工业机械设备等遗留物也保存完整，足以反映工厂的发展历史，即成为建设工业遗产博物馆的首选。即使厂房中的机械设备等已经不存在，只要工业建筑遗产的现存条件还很好，亦可改造为其他内容的博物馆（如城市社会与文化的历史博物馆、当代美术馆之类）。一些在野外露天生产使用的巨大工业设施，如钢铁厂的高炉、焦化厂的巨大管道、矿山的矿井井架、采矿运输设备等，由于体量大，无法置于室内展示，一般经过修整后就在原地展示。经过对厂区以及周边环境的修复，一个大型钢铁厂或整个矿区就成为一座大型露天工业遗产博物馆。

日本作为东亚近代工业化进程中的先行者，也在工业保护再利用上取得了令人瞩目的成就。2007～2015年，曾经是日本最大的银矿——岛根县石见银山、群马县富冈制丝厂及近代绢丝产业遗迹群、明治产业革命遗址群三处工业遗产成功申报为世界遗产，这也表明日本对工业遗产的研究和利用处于亚洲的前沿水平。

位于群马县的富冈制丝厂最初是在明治维新时期引进法国技术和培训人员后建立的示范制丝厂，归属于片仓工业株式会社，如图2.4所示。由于产业调整，富冈制丝厂于

图2.4　富冈制丝厂

1987年停止运营，但保留了完整的工业建筑和设备。之后每年产生的约2000万日元的固定资产税和1亿日元的维护费用成为片仓工业株式会社的沉重负担。1995年富冈市市长开始与片仓工业株式会社进行谈判，到2003年群马县知事提出将富冈制丝厂申报世界遗产。2005年，片仓工业株式会社将富冈制丝厂捐赠给地方政府，此举既帮助企业卸下了重担，也为政府重新利用和开发富冈制丝厂提供了机会。此后地方政府成为推动富冈制丝厂再利用的主导力量。富冈市充分认识到富冈制丝厂的历史文化价值，希望可以发挥它的博物馆功能。为此，富冈市还引入了各类社会团体，如产业观光学习馆、富冈制丝厂世界遗产传道师协会等，组织了关于世界遗产的讲座和体验等丰富多彩的活动，让富冈制丝厂充分发挥其教育功能和观光功能。在富冈市的努力下，富冈制丝厂还整合了周围的地域遗址，组成了近代绢丝产业遗迹群，完成了核心产业和地域及其周边的整体性保护。

西方国家工业遗产保护再利用的核心是力求在城市发展与工业遗产保护再利用之间谋求一种平衡，使旧工业区重新焕发生命力，既促进城市发展，又保护与利用工业遗产，工业遗产博物馆的保护形式能够很好地诠释这一主题。要使城市发展与工业遗产保护再利用并进，只有政府加入，才有利于维护工业遗产博物馆的可持续运营，并获得更高的社会效益与经济效益，使原本颓败的老工业区在新的社会背景下获得新身份，实现新价值。这种转变仅仅依靠企业的力量是无法实现的，需要从企业管理到政府主导，对工业遗产资源进行优化配置，增强开发利用效果。工业遗产的保护再利用不可能是一蹴而就的。从上述这些国外的"他山之石"可看出，在政府的正确引导下，民间智慧积极参与，才能确保其获得持续关注，实现工业遗产本体的华丽转身。

2.3.3 中国工业遗产保护再利用的理论与实践

单霁翔认为中国的工业遗产可以分为"广义"和"狭义"。广义上的工业遗产包括：史前时期加工生产石器工具的遗址，古代各历史时期的资源开采和冶炼场所，水利工程、陶瓷、酿酒、盐井等，反映人类技术发展的遗物和遗迹等。这些工业遗产多是中国的科学技术。从时间上看，虽然中国工业革命相对欧洲出现较晚，但已有如古代酿酒作坊、陶瓷窑址、冶炼场、矿场等一般工业遗产，体现了中国古代传统手工艺取得的伟大成就。狭义上的工业遗产指19世纪末以来受工业革命影响，利用新材料、新技术、新能源，在工业化进程中留下的工业遗存，是通过科学技术从先进地区向落后地区的转移实现的。中国近代留下了大量狭义上的工业遗产，见证了洋务运动的过程，以及西方列强的殖民占领、统治和掠夺导致中国近代民族工业先天不足、后天畸形的状态。

中华人民共和国成立后，世界的政治、经济格局发生了很大变化。国内经历了国民经济恢复、苏联援建、"一五""二五"时期工业建设、三线建设、改革开放等多个重要的历史时期，留下了丰富的工业遗产。目前我国工业遗产保护再利用的实践中，涌现了很多工业遗产博物馆的案例，如首钢博物馆、鞍钢博物馆、沈阳中国工业博物馆、上海玻璃博物馆等。我国工业遗产保护再利用实践活动为世界工业遗产保护再利用研究积累了大量宝贵经验，但工业遗产保护再利用过程中仍然存在数量、分布和保存状况摸排不清，定义不明确，缺乏了解和无效措施等问题，如果不够重视会导致城市更新过程中工业遗产遭到破坏。我国工业遗产保护再利用往往忽视其系统性，个体不足以全面反映工业生产过程，也不能反映工业行业的整体状况，在保护再利用工业遗产的过程中不但要保护工业建筑、设备，还应该保护工艺和生产流程，做到全方位保护。保护过程中要结构保护和整体保护并行，工业技术文物体现了科技进步发展，它代表着一定时期的生产力发展水平，是工业文化特有的符号。工业技术景观包括技术流程、设备与产品以及操作技能这些技术元素。传统工业遗留的设施设备、厂史厂志、文件档案、图像照片、商标包装等共同构成"工业文物"，应该由工业遗产博物馆收藏，按照博物馆相关规定分级、分类管理，纳入研究范畴，实现整体保护。

2.4 工业遗产博物馆

根据文献，工业博物馆可以分为狭义工业博物馆和广义工业博物馆。狭义工业博物馆又称为传统工业博物馆，专指在室内空间以收藏、展示科学与工业技术发展史，以对公众进行科普教育为主的博物馆。此类博物馆在19世纪50年代就已经产生，英国科学博物馆可能是最早的一座狭义工业博物馆。此后，位于德国慕尼黑的德意志博物馆以及美国芝加哥的科学与工业博物馆等也先后诞生。工业遗产博物馆属于广义工业博物馆，主要是利用旧工业建筑、设备，经过改造用以展示工业文明，这一类型博物馆的产生相比于前者至少要晚一百多年。20世纪末，工业遗产博物馆陆续出现，如德国关税同盟矿业博物馆、荷兰喜力啤酒博物馆等。此外，还有将工业历史街区整体保护的案例，它虽不直接以工业博物馆命名，但是以保护和展示工业遗产为基础，以弘扬工业文明为目的，是工业遗产博物馆的雏形。

应该说，狭义工业博物馆侧重于展示工业产品和工业技术本身，而广义工业博物馆侧重于展现工业生产过程和工业遗迹。工业遗产博物馆因其建筑本身就是有展览价值的，故工业遗产博物馆的设计与新建博物馆有很大区别，工业遗产博物馆要充分利用遗产现状，有很强的地域性和场所性，对其设计理念有更多的限制和约束条件。它也不同于一般意义上的旧建筑改造，因为它对特定工业遗产和历史原真性有很高的要求。这使得设计师在进行改造设计的初期，就要将工业建筑的现存形态和产业特色纳入改造设计的参考范畴。

现阶段，博物馆发展的多样化和专业化是工业遗产博物馆发展的前提，其社会功能的变化导致其具有空间开放性，成为供大众参与互动的体验性场所。工业遗产博物馆在设计理念上与传统博物馆的区别在于，并非只是以展示文物为目的，而是按照已经设定的展示线索来布置展项，力求体现展项的文化背景，借助多样化的展示手段烘托主题，给观众多层面的感受。工业遗产博物馆属于主题类博物馆，是博物馆发展到一定阶段的产物，其数量不断增多，为工业文化的传承发展提供了巨大的空间载体。

2.4.1　工业遗产博物馆的类型

博物馆学理论的发展将博物馆的功能从收藏功能延展到信息、科研和教育等领域。媒体的多样化和空间展陈设计的专业化也改进了展示的方式。

在工业建筑遗产保护再利用理论影响下，工业遗产建筑逐步以新面貌重返社会生活，遗产建筑中有相当一部分被改造为工业遗产博物馆。原有工业遗产建筑作为空间载体，其本身即是展品。国际上很多的优秀案例都是将工业遗产建筑重新带回公众视野的同时，又在历史性与艺术性的设计理念导向下获得了出乎意料的时代感。此时展品与博物馆空间设计的文脉关系在工业遗产建筑保护再利用的过程中就呈现更加清晰的脉络。在诸多博物馆门类下，工业遗产博物馆以遗址性博物馆为主，"遗址"即工业遗址。工业遗产保护类型的工业遗产博物馆一般是利用了工业遗址或既有的工业空间改建为博物馆，如矿硐、车间厂房、站房等，内容与所属遗址、空间相关或有所扩展，如中国铁道博物馆基于正阳门火车站站房，沈阳工业博物馆铸造馆在沈阳铸造厂厂房基础上扩充延展内容，开滦博物馆部分空间由唐山矿的矿井改建而成。工业遗产再利用类型的工业遗产博物馆是将原有工业生产空间进行改造使其适应博物馆功能，如上海当代艺术博物馆由原南市发电厂改造而来，如图2.5所示。新建工业主题博物馆类型如北京汽车博物馆，通过展示汽车的历史、汽车用品及艺术品、汽车衍生品来呈现汽车工业对人们生活和文化的影响，如图2.6所示。

2.4.2　工业遗产博物馆的定位

由于近现代工业生产活动基本上在城市中开展，工业遗产也是城市历史风貌中不可

图2.5　上海当代艺术博物馆

图2.6　北京汽车博物馆

或缺的一部分。工业遗产博物馆模式作为工业文化遗产保护再利用的基本手段，是保护工业遗产、弘扬工业文明的重要载体。在对工业遗产本身所固有的信息与价值给予保护和展示的同时，还需要通过空间设计完成自身的功能转换，工业遗产博物馆根据立足点不同也有不同的定位。如沈阳工业博物馆立足于中国工业发展整体情况，天津近代工业博物馆、杭州近代工业博物馆等立足于断代工业史，唐山启新水泥工业博物馆、位于太原的中国煤炭博物馆立足于行业发展总体情况，重庆工业博物馆、柳州工业博物馆着眼于地域工业行业发展，贵州三线建设博物馆、攀枝花中国三线建设博物馆展示特殊阶段的工业发展，上海当代艺术博物馆以收藏展示艺术品为目的，还有立足于企业自身宣传的武钢博物馆、湖南益阳达人纺织工业博物馆等。

2.4.3 工业遗产博物馆的展陈

工业遗产承载工业文明，有很突出的历史性、地域性和专题性，具有一定的场所精神，集中体现某一地区的某一产业的发展历程，所以工业遗产博物馆一般不会大量涵盖其他地方的工业遗存。工业遗产博物馆以原址陈列为主要展览方式，与其所处的环境原地原状构成展览的一部分，因此，工业遗产博物馆在一定程度上也是对自然生态环境的修复，在传播工业文明的同时，将工业遗产区域转变为工业遗产景观区。

依据不同展陈方式，工业遗产博物馆也分为三类：展示生产类、展示产品类和展示历史类。第一类一般围绕生产工艺流程（生产线、窑址等）或模拟的工艺流程组织展线，与工业生产空间的逻辑顺序关联紧密，如中国阿胶博物馆、湖北水泥遗址博物馆、景德镇陶瓷工业遗产博物馆等；第二类一般围绕产品升级发展的逻辑组织展线，例如北京汽车博物馆、成都电子科技博物馆等；第三类一般以工业企业的发展历程为主线，注重图片和档案的展览，如张之洞与武汉博物馆、秦皇岛港口博物馆等。后两类博物馆大都选择新建或利用旧厂房重新组织博物馆空间。

工业遗产博物馆是专题类博物馆的一种，但又区别于其他遗址类博物馆，具有更广泛的参与性与体验性，其外部环境与城市空间具有更紧密的联系，对城市经济发展更具推动力。

2.5 工业遗产博物馆的背景与再生

2.5.1 工业遗产博物馆产生的背景

工业遗产作为工业废弃物虽然占用了大量土地并对城市建设形成了一定的阻碍，无法继续为当今社会的发展服务，但其具备的历史文化资源与固有的经济价值相比，其差距是巨大的，如果仅仅采取福尔马林式的保护或大拆大建都是对工业遗产这类历史文化资源的浪费。同时对于展示工业城市和工业遗产聚集区的风貌有着消极的影响，不利于城市的健康发展。因此，从城市健康发展和城市性格生成的角度出发，应该注意工业遗产这类特殊历史文化资源的保护再利用。对工业遗产的价值诸如历史、社会、文化、设计、经济等方面加以分类评价，之后通过大量的保护再利用干预措施，包括城市层面的战略规划以及工业遗产专项规划来完成工业遗产的活化，使工业遗产真正成为城市复兴计划的重要组成部分，完成社区与工业遗产的弥合。在工业遗产保护再利用的多种模式选择过程中，利用工业遗产的现有场地条件和旧有建筑完成全新功能转换的工业遗产博物馆的创建是城市管理者普遍采用的模式之一。大量的工业遗产保护再利用设计实践的成功案例告诉我们，工业遗产作为工业文明的物质载体，既反映了工业技术的进步，也反映了社会文明的演进，在特定空间内集中展示其社会、技术、美学和文化价值，对观众能够起到一定的教育作用。另外，工业建筑的空间属性和场地环境能够与博物馆空间形态、功能组织相契合，进而实现工业遗产的可持续发展。

2.5.2 工业遗产博物馆对工业建筑的保护再利用

利用旧有的工业建筑本身良好的物质和精神特质，配合工业景观环境建立的工业遗产博物馆，对于保护工业遗产建筑和反映其场所精神有着积极的意义。它为我们提供了一个新的视角，去思考一个全新城市系统中旧工业建筑的身份问题，其中包括了对历史的尊重和对未来的描绘。

通常情况下，工业遗产博物馆是以旧建筑保护和改造开始的。我们认为保护是再利用的开始，但更应该关心的是如何实现博物馆功能的最大化，这包括展示内容与原有建筑的适应、参观流线与原有生产流线的融合、博物馆形态与历史风貌和工业景观特色的关系等。此外，当代博物馆由于充满各种需求、期待、价值等复杂性，设计师在工业遗产改造的过程中必须使它变为城市的公共空间，这就需要加入一些文化和创意的内容，从而使博物馆的功能更加完善，满足不同使用者对博物馆空间的需求。如德国鲁尔工业区的工业遗产改造项目大多数都是在整体保护方案的框架下进行，对原有的工业建筑、设施设备、景观、道路肌理等都予以保留，通过新的功能植入满足多样化使用的要求。

另一种常见的保护再利用模式是针对工业遗产建筑实体空间而言，通过设计手段将功能重组与空间形态结合，利用工业建筑空间尺度大、结构坚固、形态多变等特殊性，改造为更具艺术和文化属性的博物馆，如英国阿尔伯特码头的泰特美术馆改造项目以及上海当代艺术博物馆工业遗产改造再利用项目，都是利用旧有工业遗产建筑完善城市公共设施体系和提升城市形象的典型案例。

在工业遗产的保护再利用过程中，基于现有的功能改变以及承载的活动内容的差异，原有建筑的形式以及空间秩序难免会有一定调整，但这种调整是在尊重历史文脉的前提下进行的，是在对工业遗产建筑充分解读的条件下进行的二次设计。还有一种可能是对工业遗产建筑进行大的空间和视觉形象调整，集中表现在建筑外立面方面，完成工业遗产全新形象的塑造，借助新与旧之间的对比，构建工业遗产实体与当代城市需求之间的对话。

尽管具体的改造目标和实施手段有所不同，但每一种特殊的处理方式都是基于对特殊背景的理性分析和对遗产价值的综合评价，每一次对工业遗产保护再利用的尝试性探索都应以维护环境的可持续发展和社会经济的稳步提升为使命。

第3章

工业遗产博物馆的系统化设计

著名建筑设计师阿尔多·罗西说过："最好的当代艺术是在现存的秩序体系中成长起来的，并与之结合，而且为了将来而改变它、丰富它。历史遗迹与现代城市语汇在整个区域中并存，亦彼亦此，相互分离却又紧密相连，人们置身其中，不知不觉地忆起脚下流逝的故事。"工业遗产博物馆设计的核心思想就是在工业遗产现有环境空间整体保护的基础上，通过对场地内的自然空间元素和工业文化元素进行评价、改造、重组和再利用之后，形成一种具有全新功能和语义的系统化城市公共空间。

事物的发展是外因与内因共同作用的结果，社会经济结构的调整、人们观念的转变、多学科的交叉融合等因素都影响着工业遗产保护再利用工作的走向。系统化设计是工业遗产博物馆顺应社会发展解决自身矛盾的有效方式，能够帮助工业遗产在新的历史时期重新定位自身价值并反馈社会。

3.1 系统化设计产生的外部因素

3.1.1 现状因素

工业文明带给人类社会进步的同时也带来许多生态方面的问题，这就决定了工业遗产博物馆在设计过程中不但要做到类似传统博物馆对所保护的遗产进行深入细致的研究，合理地保护与展示，还要对工业带来的诸如环境污染、资源耗尽、生态破坏等因素进行评估与修复。

现阶段文化遗产保护呈现出从保护单件文物到保护历史建筑、保护历史街区和历史文化名城，直至跨国界的保护文化遗产，从小到大、从静态到动态、从局部走向整体的发展趋势。文化遗产保护更加强调遗产保护的真实性和整体性原则，强调发挥文化遗产的教育价值，营造社会共同参与遗产保护的氛围。保护文化遗产不是一个独立的部门能胜任的事情，需要引导大众参与，从而达到传承文明的目的。工业遗产种类繁多，遗产环境也各不相同，对应采取的保护与展示手段也不同。比如英国作为工业革命最早的发生地有数量可观的工业遗产，对这些工业遗产的评估包括工业建筑、生产设备与构筑物还有生产环境本身。因为无法将工业遗产完全搬入室内展馆，只能因地制宜在原址进行展示与保护，这样也造就了工业遗产博物馆独特的展陈方式。铁桥峡工业遗址区位于英格兰西部希洛普郡赛文河下游的河谷地带，是一座大型露天工业遗产博物馆。18世纪前期，达比铁业公司利用焦炭炼铁的新技术，陆续生产制造了诸如铁轨、铁船、火车头等工业铁制品，推动了英国乃至欧洲的工业革命。18世纪后期，该地区围绕制铁工业已经发展成颇具规模的工业园区，拥有煤矿、铁矿、铁工厂和瓷器工厂等一系列工厂。1779年世界第一座铁桥在此诞生，桥长30.6m、高16.75m、重378t，建桥仅用时3个月，它被称为工业革命的象征，该地区也因此被命名为"铁桥峡"，如图3.1所示。1967年，随着铁桥峡博物馆基金会成立，铁桥峡区域的工业遗产调查与保护工作逐步展开。依据铁桥峡工业遗址区不同的工业类型共改建了8个博物馆与历史纪念地：1779年的铁桥、峡谷博物馆、科尔坡瓷器博物馆、铁博物馆、赛文河博物馆、杰克菲尔德瓷砖博物馆、伯利兹山岗户外博物馆以及柏油隧道。这些工业遗产博物馆的设计实践，充分考虑了该地区的工业类型、遗产状况、环境等因素，彰显了地区工业文化张力。

图3.1　铁桥峡

工业遗产的现状决定了工业遗产博物馆的规模、形式，制约着博物馆的建设与发展。对工业遗产现状的准确评估是工业遗产博物馆设计的前提，准确掌握工业遗产的背景、构成等诸多元素，才能精准进行设计定位。

3.1.2 创意因素

文化创意产业自兴起以来在全球化的浪潮中影响了众多国家、地区的经济和文化发展，并以独特的形态和运行方式与其他产业发生广泛而复杂的联系。每个城市更是拥有自己的文化特质和发展轨迹。工业遗产博物馆的建设过程也是与城市空间、文化、历史交互成长的漫长过程。文化创意产业让工业遗产焕发青春，工业遗产为文化创意产业增添了历史的厚重和城市的印记。

文化是文化创意产业的基石和载体，是沉淀着独特底蕴的宝贵资源，要充分挖掘文化资源，并将其转化为文化创意产业的动力源泉，提高竞争力。工业遗产博物馆有效促进文化创意产业与工业遗产资源的有效传承和利用创新，逐渐使承载着工业文明的老建筑、老设备、老手艺活化，形成集博物馆、展览、休闲、文化功能聚集的辐射效应。

文化创意产业与工业遗产博物馆的结合能够减少工业遗产改造过程中对生态环境和工业景观的破坏，有利于保护当地独特的风貌特征，从而促进工业遗产博物馆工业文化生态的良性循环发展。文化创意产业与工业遗产博物馆等相关产业融合，不仅有利于在人才、技术、品牌等方面的共创、共用和共享，而且将有力改善工业遗产区域原有的文化业态、旅游休闲和人居环境，推动以工业遗产资源为核心的文化创意产业优先发展。

实践证明，文化创意产业的崛起尤其是文化创意阶层的聚集对于一个城市的产业构成和城市未来发展有着重要意义。一方面，文化创意产业作为高附加值和高竞争力的产业门类，成为地区或城市经济发展的重要驱动；另一方面，工业遗产博物馆通过对历史文化的深度挖掘，使城市独有的文化特征更加突出，避免出现千城一面的现象，可以形成文化优势，扩大和提高城市的综合竞争力。

工业文化是人类文明中非常重要的组成部分，将带有鲜明工业符号的工业遗产重塑为工业遗产博物馆，使人们在参观过程中能够与历史遗存对话。工业建筑的独特空间也使观众与展品对话的形式多元化，有墙的、无墙的、实体的、虚空的并存，古典与现代、解构、象征等手法主义综合运用，数字化技术为空间设计拓展了领域，现代技术为设计提供了支持。博物馆多样化的空间形式使参观博物馆也由原来敬仰的心情转换为放松身心的全新体验，比如上海当代艺术博物馆就将原工业建筑的巨大烟囱改造为温度计，装置艺术与实用功能结合使工业建筑成为区域地标，为冰冷的工业建筑增加了温度，实现了工业遗产向当代艺术装置的转变，以一种独特的方式展示工业文化，如图3.2所示。

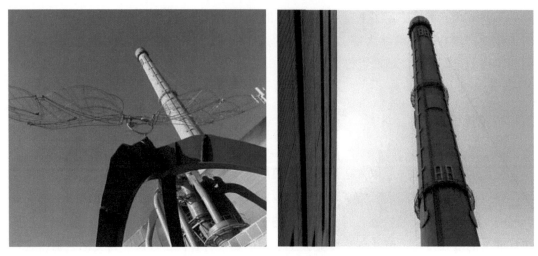

图 3.2　上海当代艺术博物馆的烟囱

作为带有一定公益性质的工业遗产博物馆，它所承载的社会效益和环境效益远远大于它的经济效益，其本身也表达了一个城市对待历史、社会和文化的态度，工业遗产博物馆相关技术的展览和工业美学的导向性，很大程度上影响着整个城市的文化创意产业的发展趋势。文化创意产业的迅速发展，将更加系统、深层次地影响到博物馆建设中的文化植入问题。

3.1.3　科技因素

在学科交叉、深度融合的今天，科学技术在人们的生活中扮演着越来越重要的角色，科学技术不仅推动了生产力的发展，更推动了时代的进步。而工业遗产博物馆作为公共文化庞大而复杂的物质性载体，承载了一个城市的历史和回忆，是一个城市保持特有韵味和特色的核心。设计师将多学科如建筑学、遗产学、社会学、人类学、经济学、管理学等研究理论相互渗透，完成设计框架和指导设计实践。将科学技术运用至工业遗产博物馆的发展中可以更好地促进工业文明的进步。在科学技术领域广泛且深入的探究，对相关技术、材料的合理应用，这些在工业遗产博物馆系统化设计中发挥着重要的作用。科学技术的妥善运用在遗产活化和博物馆有序运营方面具有广阔的前景，对博物馆的发展大有作用。

3.1.4　社会因素

在经济全球化的过程中，我们所处的社会变得更加多元，价值取向也更加模糊。在认识到工业给人们带来便利的同时，人们开始关注工业发展给人类带来的挑战，开始承担对环境、社会、历史的责任。工业遗产博物馆为适应社会发展变化，从时代的角度将功能、形式、运营管理紧密结合，从而完成自身的系统化设计。

工业遗产出现后，无论是西方国家还是我国，都经历了一个认识、挖掘工业遗产价值的过程。最初，人们普遍认为工业遗产毫无文化价值，甚至连利用价值都没有。这主要是因为人们看惯了精美的古代建筑，所以当工业化浪潮过去后，工业遗产被人们当作占地、占资源的赘物对待，大量工业遗产被无情拆除。

20世纪中期，各种环保思想兴起，各种环保组织出现。在环保思想的影响下，人们开始改变观念，认为工业遗产是人类社会一段辉煌历史的见证，不但是人类创造的灿烂文化遗产，也是实实在在的物质成品，在后工业社会并非不能继续发挥作用。为此，人们改变态度，开始研究工业遗产的利用问题。如何将工业遗产博物馆内外部资源加以整合，使其能够在更高的维度上与生态环保、社会相融合，从而实现在项目策划阶段明确规划定位、设计策略、运营模式、技术路线等先导工作，最终完成社会学意义上的系统性。

另一方面，工业遗产博物馆以独特的视角和镜头，生动、立体地展现了工业遗产丰富的工业文化内涵、历史人文价值和艺术审美价值。尤其是我国工业积厚流广，展项可以涉及能源、原材料、装备、消费品、电子等众多工业领域，从侧面展现了工业化的艰难进程，同时又体现了工业之美和工业的力量。

我们要打破对工业遗产破旧、荒废的固有观念，发掘那些在工业史上有一定地位、在今天发展良好的工业遗产，通过装置化、艺术化、数字化的展示方式增强观众的全面体验感受，以此来宣扬工业遗产，推广工业美学。传统的博物馆空间营造模式已无法适应现阶段更加灵活、多样的行为活动转换需要，系统化设计必不可少。

3.2 系统化设计产生的内在因素

3.2.1 角色转换

一般意义上的工业遗产博物馆大多注重自身工业建筑、设备设施、生产工艺流程以及工业技术的展示，早期主要集中在藏品的收藏、研究和修复上。随着经济条件的改善、社会认知的改变、科技的发展和对可持续发展的关注，工业遗产博物馆所承载的功能进一步扩大，不再仅限于展览功能，而加入了大量公共教育和社会交往功能，工业遗产博物馆逐渐成为一种公共文化设施的综合体，成为人们可以聚集和享受工业美学的场所以及进行文化交流的场所。一些传统的展示项目在适当的时候让位给那些与文化艺术相关的内容，在系统化设计的基础上建立起来的符合现代生活的空间叙事方式被博物馆运营方纳入空间当中，成为对工业遗产博物馆主体展示空间的有机补充。

经济和社会的变革导致工业遗产博物馆必须面对自身的挑战，博物馆的价值观念开始从非营利机构向多方面运营转变；从展示产品本身向全方位体验转变；从个性化展示到服务全社会转变。这种转换使得工业遗产得以恢复其过去最重要的角色，工业遗产与城市的文化多样性结合，以满足使用者的期待。

总而言之，面对经济和社会发展的不断变化，工业遗产博物馆的发展模式必须与时俱进。"应当更加强调人的需要，重视人与物的互动关系，更加接近社会生活的各个领域，更加接近人类科学技术、环境的今天和未来。"对于自身资源价值评价、功能取舍以及社会性要素的全面平衡的转变，使得博物馆系统化设计成为可能。

3.2.2 功能扩展

整个社会对工业遗产博物馆热衷于否，不仅取决于工业遗产本身的价值魅力，也是设计师、管理者、运营者共同作用的结果。系统性解读工业遗产博物馆需要使观众具备极大的积极性和深厚的热情，更需要满足时代对博物馆提出的多维要求。社会、技术、文化资源层面对功能要求的差异，需要在博物馆总系统中建立交流通道。

从观众的角度来看，首先关注的是工业遗产博物馆自身价值的唯一性和不可替代性；其次是所在场所在城市空间中的可达性，交通的便利性；再次是多样性的功能组合能够满足专业人群与普通市民的多种需求，激发群众创意和打造特色街区；最后将工业遗产这一文化资本转化为文化活动，推动工业文明健康有序发展。

从工业遗产博物馆的角度来讲，首先，必须承担传播知识的重任。其次，要在更广的范围开展公共教育活动和科学普及工作。最后，要组建展示、传播、互动、可持续的一套完整系统，以避免遗址类博物馆出现死气沉沉、缺乏创意的状况。解决的途径包括机构的改制、文化实践、与使用者紧密联系，以满足更多人的体验升级需求，即提供更好的服务和更具创意的工业文化输出。

从工业遗产博物馆上级管理部门的角度来讲，希望发挥工业遗产博物馆展示历史、展现当下、展望未来的作用，探索建设国家级行业博物馆、国家（网上）数字工业博物馆，支持各地建设具有地域特色的城市工业博物馆，鼓励企业建设博物馆或工业展馆、纪念馆。支持运用新一代信息技术打造数字化、可视化、互动化、智能化新型工业博物馆。探索建立工业博物馆联合认证、共建共管机制，发布工业遗产博物馆名录，鼓励参加博物馆评估定级，引导文物系统富裕资源在运营管理、充实藏品、保护修复、开放服务等方面支持工业遗产博物馆规范发展。

从工业遗产博物馆设计的角度来讲，需要通过工业遗产研究人员、规划师、建筑设计师、产品制造商等多方面的通力合作，其目标才能够实现。建筑设计师应该对他所面

图 3.3 泰特现代美术馆

对的这一特殊领域进行系统的判断和说明，最后实现博物馆建筑包含的价值观念，呈现出在视觉方面、环境方面、社会方面皆符合功能与审美的建筑内外部空间系统。

从国家层面来讲，创建一批工业遗产博物馆，强化工业遗产博物馆专业化建设，提升管理与服务水平，形成具有示范性和影响力的工业遗产博物馆文化品牌，也为城市的文化、经济发展带来重要的提升力量。在很多老城改造重建的规划项目中，工业遗产博物馆都被赋予重任，担当起拉动城市复兴引擎的角色。一些知名的后工业城市的博物馆，如德国的鲁尔工业遗产博物馆和英国利物浦的阿尔伯特码头、伦敦的泰特现代美术馆（图3.3）、谢菲尔德火车站等，都成为旅游胜地和文化地标。

3.2.3　自身完善

工业遗产博物馆是城市公共空间系统的重要组成部分，这个系统中充满着各种各样的需求、期待、价值、规则、沟通、复杂的事物与机会。建筑设计师必须面对社会、经济、文化不断变化所带来的各种各样的挑战，必须与使用者、社会团体和组织之间进行互动，这种互动既是珍视旧有空间和传统生活方式，又是面向未来社会的，不同的人有着不同的期待。

工业遗产博物馆作为空间和体量比较巨大的社会公益性机构，在当下社会的影响力越发凸显，这主要是因为它的社会性功能发生了变化，由原来的相对单一的藏品收藏、修复、教育科普、展览展示转换到公共服务领域，甚至涉及商业运营的内容，而这种为商业服务的空间设置并不仅仅是以利润为唯一目的的，更多的是通过创意和文化方案来重新定义工业遗产博物馆的意义和功能，并与城市空间结合，系统化地规划环境以实现建筑设计师们的期望。工业遗产博物馆成为充满文化和创意的公共领域空间，从而构筑一种充满活力的公共性生活方式，最终实现环境育人的目的。

过去一段时期，包含工业遗产博物馆在内的文化遗产保护再利用工作多采取政府主导、企业操作的模式。现阶段随着工业遗产博物馆的资金需求和产品社会化运营的进一步拓展，博物馆与相关单位、社会团体的合作交流与日俱增，不得不提供更好的和更具竞争力的环境空间和公共服务标准，工业遗产博物馆的建造模式也必须面对这种调整，对城市和公众进一步开放。在保证工业遗产建筑自身的历史感、文化性和工业美学的前提下，增强开放程度，提高运营管理效率，同时可以适当考虑在工业遗产场地呈现新的、时代性较强的建筑改造形式，用以呼应与周边场地之间的联系。这些做法的出现间接验证了一种趋势："博物馆已经变成了一种'加法动物'"，博物馆以独立的建筑体而存在的时代将最终成为过去。

工业遗产建筑因其空间尺度开阔、结构坚固以及布局的灵活性被广大建筑设计师喜爱，也使其被改造为工业遗产博物馆成为可能。但从场地空间布局和内部空间划分上来讲，工业建筑设计的初衷就是为工业生产服务的，作为展览空间具有一定的局限性，无法满足当今博物馆多样性的功能使用要求，尤其是在收藏、科研、教育三个基本功能之外的一些商业服务功能植入的配合方面存在矛盾。基于此，建筑设计师应更多地关注观众的观览习惯和消费行为，对参观流线和空间布局进行进一步优化，利用现有工业遗产建筑中的公共空间和交通空间创造出更多可能的弹性空间，满足工业遗产博物馆各种功能活动的开展。同时应注意室内外空间的连通性，如博物馆与城市空间、街道、广场、地铁出入口等场所形成关联，实现工业遗产博物馆功能外展和表达的多样性。

3.3　系统化设计的形式表达

在经济和社会不断变化的背景下，工业遗产博物馆也应该随着时间的推移而改变，传统的建造模式、单一的空间划分以及僵化的管理制度都很难适应开放可变的功能需求，这也是技术进步不可避免的结果。建筑设计师必须帮助人们掌控变化，并努力创造一个系统，在这个系统里，根据大家的选择会出现各种变化，包括空间的社会性意义和关于为人们提供基于特定的社会文化在空间上的不同视觉呈现。

这个系统代表了多样的关系，从主要的到从属的，理性且有秩序的重组使空间中的一切要素都能够充分展示出它们自身的性格，并为这些工业遗产资源赋予新的生命。工业遗产博物馆和城市的关系既互为对立又相互渗透，同时博物馆空间与城市公共空间具有可替代性和互换性，这些最终会对场所空间的设计提出更高的要求。

3.3.1　形式与空间的结合

与城市历史文化息息相关的工业遗产博物馆，不管它的规模多大，都不能被设计成孤立的个体，而应该属于更大范围的某种事物。用另一种方式来说，它应该拥有城市空间的气质，城市是时刻变化的，博物馆的形式也相应呈现出多元化，既有实体空间的，也有虚拟空间的博物馆存在；各种相互对立又相互共存的手法，如古典主义、现代主义、后现代主义、结构主义、极简主义、象征主义等都能够找到一种方式，使人们直接参与到与建筑的对话中，数字和新媒体技术的拓展也使得我们重新思考博物馆空间的定位。同时还要注重表达人类的情感，留意国际化和地域特征的差别，反映当代科技的本质，利用大众化的手法使博物馆空间更加适应多元文化的表达，不再使用一种单一理性的逻辑方法，这种主观与客观因素的共同作用导致博物馆形式的多元化呈现。

工业遗产博物馆的建设是一项综合性的活动，在系统化设计的作用下，工业遗产博物馆调整了自己的表达形式，每一个空间都独立于整体，同时又从属于这个建筑系统。新的建筑空间既不完全模仿传统的造型语言，又不和传统彻底决裂，它们依靠根植于系统性的符号得以发展。工业遗产博物馆的形态将更加丰富，能够满足不断扩大的社会功能要求，同时表现为对工业遗产历史性的尊重，因为历史必须用新的方式才能得以开拓，这也是人类价值的体现。工业遗产历史所传递出的信息，应该在设计的过程中得以表达，而不是仅仅以玩弄美学的形式。随着博物馆的形式从多元到广义，工业遗产在社会演变的过程中不断变换着角色，观众也不会再以仰望的视角看待从工业废墟中重建的工业遗产博物馆，呈现在眼前的将是经验之外的充满变化的娱乐休闲体验场所。如德国鲁尔区工业博物馆二层设有免费泳池，如图3.4所示。打破边界之后，观众从博物馆中获得的是更有意义的体验。

图3.4　德国鲁尔区工业博物馆的泳池

3.3.2　功能与运营模式的协同

博物馆系统化设计一个显著特点在于功能的协同创新，博物馆系统化设计不再仅仅为工业遗产展品收藏修复、教育科普、文化展示服务，而是提供综合的多种服务解决方案。作为工业遗产博物馆的服务系统的基本配套功能，如餐厅、纪念品店、书店、茶室、咖啡厅、创意工坊、修复教室等空间的设置，都可以为观众带来丰富的体验，如图3.5所示。现阶段与发展初期的差异性在于这部分空间的需求有明显增加的趋势，包括种类和范围都有所拓展，"从1949年到2002年，大都会美术馆的馆内商店面积扩展了30倍"。各地的工业遗产博物馆尝试开展多样性的活动，如新书发布和媒体推介会等，同时也配合工业遗产文化创意衍生品的推广开展有效的商业运营模式的创新。

图 3.5　上海当代艺术博物馆内的商店

　　关于其他带有消费服务性质的活动，工业遗产博物馆也可以与相关产业展开合作，但需要将多种不同的功能加以集中，并凸显其综合的价值。由于这些功能的复杂性，在概念设计之初就涉及了整体与局部的关系，以及功能定位的问题。需要有清晰的设计态度，并运用系统的程序才能构建在美学和技术上皆合理的空间系统，从而形成一个平衡的、复合多元的博物馆空间体系。

3.3.3　空间与体验形式的契合

　　如今，博物馆的边界已经被打开，传统的实物静态展示正在被新媒体、沉浸式体验冲击。一方面，展览内容和形式改变了展览空间的多样性；另一方面，现代科技的发展使多样性体验成为一种可能。

　　从某种意义上讲，以感官愉悦体验为中心的展览方式取代了以形式构成为主的美学展览，空间变得更加具有情感。在展览设计过程中，我们不再用功能结构和审美来理解空间，而更多地是从使用者的角度出发，关注观众的个人体验和观展感受，利用空间叙事和展陈大纲来表达展品自身所拥有的参与性、过程性、偶发性和多义性。工业遗产博物馆内外部空间的处理是在一个系统的框架内，把展品的复杂性和体验的多样性融合在一起，以求取得一种动态平衡，当然也要体现出文化多元世界的丰富性。

例如由南市发电厂改造而成的上海当代艺术博物馆，就是通过系统化的设计给观众带来多层次的空间体验，原巨大的厂房车间足以容纳大量的人流，可以满足不同功能的社会性艺术活动的需要，成为区域性文化艺术和时尚的聚集地。展陈设计以开放性与日常性的积极姿态融于城市生活，公共空间与展陈空间的界定被刻意模糊，以便于创造人与展品间联系的机会，也为日常状态的引入提供了更大可能性。水平向延展的宽阔入口形成最大限度的开放与沟通态势，如同露天艺术广场的大厅提供了交通、展示、交流的多重功能。大台阶的梯级空间与发电机平台促成了人与艺术品接触的多种可能，可以同时眺望大厅与江景的图书馆改变了阅读的惯有氛围。观众可由大厅直达的眺江大平台是上海迄今为止最大的多功能滨江露天艺术展场，烟囱内部的螺旋展廊成为最高最奇特的展览空间。

3.4　系统化设计为工业遗产博物馆带来的挑战

21世纪以来我国工业遗产博物馆建设正处于一个前所未有的快速发展时期，然而随之而来的很多问题也开始显现，其中以"千馆一面"为表征的个性化缺失问题较为突出。在博物馆特性的呈现方式上，较多表现在作为地标的馆舍和建筑层面，而在馆藏的独特性、展览和社会教育的体验模式上往往也缺乏个性化的设计和创新。在博物馆的职能表现上，应考虑如何达到馆藏与建筑的平衡和有机结合，塑造自己的特性。在博物馆的分类上逐步趋向全面，而收藏品的种类所覆盖的范围也越来越广。在管理体制上，大部分工业遗产博物馆实施直接的、自上而下的垂直管理，多为政府部门的派出机构和企业的附属单位。在功能设置上，消费服务附属功能逐渐扩展，但基本功能仍然是对工业遗产的价值研究、科普教育。在工业遗产博物馆的建筑设计上，以保护为前提的再利用是此类设计的常用手法，只是程度不同而已。

3.4.1　我国工业遗产博物馆发展存在的问题

（1）公共空间的缺失

我国的工业遗产博物馆大多由工业遗迹中保存良好的遗产建筑改造而来，作为为生产功能服务的工业建筑适应了工业文明社会的机械化要求，所采取的技术和实用主义功能表现得极为突出，但其科学朴素的空间处理手法造成空间的单一性，作为空间联系的公共空间往往被忽略。在现阶段，这种对技术空间的误读已经被更多灵活的、更具表现力的概念取代。传统的博物馆空间是以产品展示为主的，博物馆的管理部门对公共空间是否具有开放性，面积是否达标，使用效率如何，有没有一个恰当的评估体系等问题并不十分关心。同时，由于社会交往的功能并不突出，公共空间缺失的问题没有引起工业遗产博物馆管理者和经营者足够的认识。

尽管建筑设计师在博物馆空间体系里大多设置了入口处的开放空间和内部的共享空间，但机械性的简单设置并不能满足市民活动的多样性需求，很难表达出与城市公共空间的一致性和协调性，无法真正解决现代意义上的都市化社会问题。

工业遗产博物馆公共空间应当是建筑室内外空间的重要组成部分，这是合乎规律的。博物馆建筑不仅仅是建筑艺术的表达，它更是一种城市生活方式的写照，公共空间开放性的气氛营造，能够真正成为我们社交生活展示的舞台，使观众成为公共空间中不可分割的组成部分。由于公众的参与，并为社会和公众提供良好的活动场地和服务设施，公共空间才变得更加有意义。

（2）交通空间的重新定义

工业遗产博物馆由通过交通空间流线相连的展览空间、工作空间和休闲空间组成，各种交通空间流线应该被重新定义为体验空间的一部分。这里的重要特征不是交通，而是流线，旧有的交通空间在社会意义上大多只考虑效率和利益，现阶段被更多元化的空间配置取代，交通空间集多种功能于一身，成为展览空间的一部分。

（3）工业技术表达不足

由于工业遗产保护再利用的相关人员对相关工业技术史的了解可能不够全面，在设计的过程中，缺乏对工业遗产原有生产技术体系的尊重和对遗产建筑技术的历史性信息的把握，这种尊重和把握发生在很多层面上，没有单一的形式可循。通过设计学语言继承传统来实现其技术特色，为工业遗产博物馆建筑的内部表达和外部呈现的有机结合提供可能，既保留了传统又应用了新的技术与材料，工业遗产建筑的保护再利用已经无法回避科技所带来的真正变革，技术本身成为设计对象。

3.4.2　问题的成因分析

（1）观念因素——工业遗产价值认知难

工业遗产的价值评价一直没有统一，关于保护再利用的程度如何把握还有很大的争议。此外，还有一些人比较质疑工业遗产保护的意义，工业遗产保护是无法用金钱和利益来衡量的。不能把所有工业的东西都称为工业遗产，工业遗产必须是存在特定价值的，工业遗产保护要优先。不应突破工业遗产保护的真实性、完整性、最小干预性和可识别性原则，造成工业遗产改造与传统文物保护理念的冲突与矛盾。

例如德国鲁尔工业区的改造不仅设置了丰富并独具特色的各种展览活动，而且为青少年提供了丰富的体验活动与休闲娱乐场所，使工业园更贴近人们的生活，更具活力

（图3.6）。而拥有丰富工业资源的开滦国家矿山公园，由于社会定位与设计理念的制约，公众参与度不高（图3.7）。

图 3.6　德国鲁尔工业区举办的活动

图 3.7　唐山开滦国家矿山公园

(2) 本质原因——工业遗产博物馆建筑缺乏系统性整体性思路

　　我国工业遗产涉及面非常广，遗产类型非常丰富，包括生产、生活、交通、能源、建构筑物和设施设备等。在保护技术方面，工业建筑类型众多，材料多样，钢铁、土木、砖石的保护方法完全不同，很多保护技术不成熟、不完善，而且工业遗产保护具有高风险、高难度的特点。但很多城市管理者和建筑设计师认为工业遗产博物馆如同一般城市历史博物馆一样，对工业遗产博物馆保护和展示的特殊要求和具体方法不重视。造成这种状况的原因主要有四个。其一，审批管理难。规划与规划调整审批、文物与历史建筑保护的审批、工业建构筑物改造利用的审批等工作的开展需要保证正规渠道的通畅。其二，投资效益差。工业遗产博物馆建设周期长，工业遗产保护和设施维护的技术难度大、费用高，实施与文物保护的准则之间有时会产生矛盾，利用产生的效益与投入相比相差较大。其三，利用方法难。对工业建筑的利用相对成熟，设施设备（高炉、焦炉、煤气柜、水池、水塔、料仓、管廊等）的利用方法还需探索。其四，同质竞争激烈。博物馆主体建筑大多采用高大厂房建筑改建，进行适度修缮，新观念和新技术应用有限，造成工业遗产博物馆无论是景观风貌还是建筑形态都有一定的同质化倾向，尤其是行业内的工业遗产博物馆尤为明显。

　　工业遗产的传递与再生，不仅是工业遗产博物馆对物质遗产与非物质遗产的保护传承，还包括赋予工业遗产新的生命力并使其与居民日常生活、公共服务与公共活动紧密关联。如何在工业遗产博物馆的大系统中，实现自身公共空间、交通组织与城市生活传承和共享，并催生持续的技术表达，是它们转型面临的新命题。正如奥地利学者贝塔朗菲所说："……在一切知识领域中运用'整体'或'系统'概念来处理复杂性问题，这就意味着科学思维基本方向的转变。"工业遗产博物馆作为复杂系统的工程，趋向于用整体性的设计方法与思路解决工业遗产保护再利用与多元化展示的现实问题。

3.5　系统化设计为工业遗产博物馆带来的机遇

　　当代我国的工业遗产博物馆虽然存在一定弊端，但建设品质是逐年提升的。我国工业遗产博物馆的系统化设计为当代我国博物馆的优化发展带来挑战的同时也带来机遇。

3.5.1　系统化设计对工业遗产博物馆发展的推进作用

　　系统化设计不仅是理解工业遗产含义的关键，而且是建立博物馆与城市空间传播媒介的重要内容，它具有特殊的重要意义。尤其是在提高工业遗产博物馆与城市公共文化系统衔接度方面作用明显。系统化博物馆可以调整自身以适应所有的功能需求，既关照了传统的符号体系，又借助综合性的设计完成了全新城市生活方式的打造。

（1）有助于提升工业城市公共空间环境品质

由于城市的变迁，很多工业遗产所在地已经从市郊变为市中心，由此引发的公共空间缺乏，没有系统的治理和有效的管理等问题逐渐暴露出来。工业遗产博物馆的建立首先改变了人们对工业城市和工业文明、工业文化景观的理解，同时作为城市公共空间的组成部分，工业遗产博物馆还发挥其社会功能，对城市公共空间的不足做出必要的补充。通过工业遗产博物馆的设计来改善工业城市中杂乱的空间环境是有效的方法。

工业区人口密度高，公共空间使用质量没有保障，城市化进程中城市用地紧张的现状决定了不能一味地要求扩大公共空间的面积，而是如何使现有空间发挥最大价值。系统化趋势就是趋向一种有序且适用的状态，工业遗产博物馆因此而更能适应城市更新，而且博物馆本身的美学气质也能有效提升公共空间的品质。

（2）有助于扩大工业遗产博物馆的社会职能

系统化设计的宏观控制有助于使工业遗产博物馆更好地融入城市、融入社区，以多种形式与公众生活相结合，让博物馆的服务更贴合公众的生活。系统化设计对工业文化的传播起到重要的助推作用，使工业遗产博物馆得以进一步与更多相关产业合作，既提供了更广泛的服务范围，又维护了自身的良好运营，使自身发展整体优化。

（3）有助于推动社会的产业转型

完善工业博物馆体系，设立不同类型的工业博物馆，建设智慧博物馆，发挥博物馆的科普教育、文化创意、娱乐的功能，推出主题展览、研学活动与文创体验活动等。强化由工业遗产改造的博物馆、美术馆、纪念馆等文化空间的公共文化服务功能，依托工业遗产，尤其是滨水地区的港口建设工业遗址公园、城市文化公园等公共开放空间。增加融入现代设计观念，服务当代生活方式的城市人文景观和日常生活空间。

推动工业遗产博物馆与城市形象提升相融合，凸显工业文化景观，促进工业遗产博物馆利用场地优势与各类文化节、艺术节、博览会、体育比赛等文化活动合作，弘扬新时代中国特色工业文化。实施工业遗产博物馆品牌培育，形成一批具有示范性、带动性和影响力的工业遗产文化产品和服务品牌，推动社会转型。

3.5.2 系统化设计对工业遗产博物馆发展的引导作用

随着工业遗产博物馆的大量建设，系统化设计趋势逐渐明晰，对工业遗产博物馆在当代及未来的发展起重要引导作用。

第一，在完成工业遗产价值评价和场地分析之后，系统化设计更要从观众的角度出发，分析他们的需求，并对他们的行为方式给予关注，使观众与空间融为一体，深层次地理解工业文明。

第二，工业遗产博物馆要成为城市规划系统的重要组成部分，只有在规划和设计导则的指引下，工业遗产博物馆的社会性功能才会显现，对城市功能的放大才会更有作用。

第三，工业遗产博物馆要对自身运营的定位予以明确，多方利用资源和筹措资金，当然也包括政策性支持和自身造血功能的升级。

在以上作用的基础上，系统化设计还要求加强空间的共享、吸收先进理念、应用高新技术，通过文化创意和卓越设计方法实现遗产空间的整体性再造，打造优秀的工业遗产保护再利用项目。

3.6 系统化设计对工业遗产博物馆设计策略的影响

系统化设计为工业遗产博物馆带来了优化发展的挑战和机遇，也对工业遗产博物馆提出了自我调整的要求。工业遗产博物馆的发展现状暴露出许多亟待解决和优化的问题。因此，要真正适应并融入博物馆的系统化设计趋势，实现与国际上成功的工业遗产博物馆接轨，我国的工业遗产博物馆在更新观念与视角的同时，也需要一种全新的设计策略。

3.6.1 以观众为导向的博物馆设计

工业遗产博物馆是一个复杂的系统，它的理论研究是一门交叉学科，技术、历史、社会学、人类学等文化研究理论都包含其中。博物馆的三个核心功能，即学术建设、资金管理和运营组织，都是围绕观众展开的，需要对观众的参观方式、消费习惯进行调研，与观众互动交流，并以此来制定设计的纲领和未来的设想。成功的工业遗产博物馆设计和服务大都始于对观众需求的理解，在设计之初，规划师和建筑设计师应积极与观众交流，收集不同见解以此来增强博物馆功能的合理性，并将这种服务设计贯彻到整个设计过程之中。

以观众为中心的系统化设计强调建筑设计师要换位思考，收集观众反馈的信息，对观众的意见和反馈的样本进行分析评估，把得到的结果推演到空间设计中。以观众为中心的设计方法能够为运营和服务提供统一的组织架构，同时汇聚了情感和社会背景等各方面的用户体验，为如何改善服务和创新奠定了基础。

3.6.2 设计层面介入的可行性和必要性

系统化设计工作是工业遗产博物馆建设工作的核心内容，设计层面的介入能够帮助博物馆实现其目标和概念的完整性与独创性。

首先，工业遗产博物馆系统化设计要保护工业遗产现存的风貌，促进博物馆与城市的和谐共通，强调历史文脉的延续性，包含对城市与建筑、功能与形式、空间与内容、概念与表达、品牌与运营等多个方面的整体思考。

其次，设计层面重在考虑人的行为和对空间的感知，从观众和使用者双方的角度去考虑究竟建造什么样的博物馆才能保证公众的利益。

再次，能够保证工业遗产博物馆建设开发的环境品质和空间整体性，从整体性出发，着眼于局部要素，通过定性和定量的控制来体现工业遗产空间风貌的总体特征。

最后，设计层面的介入也能够加强公众参与，通过工业遗产博物馆设计方案的公示，为公众参与提供了一种可能。公众可以以此为基点，对设计改造建设进行评论与评估，从而提出自身的设计和改造方法，真正做到公众参与。

总而言之，运用多样化的设计手段弥合工业遗产博物馆与城市之间的间隙，加强内外部空间的流通、新旧功能的衔接，明确技术的指向性、符号的连贯性与丰富的体验性显得尤为必要。

3.6.3　设计层面的自我调整及应对

博物馆群体的系统化调整与应对，一方面有博物馆分期建设的原因，另一方面也是对城市变化的反映。工业遗产博物馆的一系列设计工作需要做出自我调整以配合和应对系统化带来的各种变化。

工业遗产博物馆建筑是进行收藏、研究、展示实现各类社会功能的公共性场所。因此，工业遗产博物馆建筑往往是一个区域中重要的公共建筑之一。从现实情况来看，一般的工业遗产博物馆建筑以自然采光和自然通风为主，这不仅有利于文物的保护，还有利于减少能源的消耗。同时，博物馆也是一项社会公共事业，它以最小的投入发挥最大限度的社会功能为根本目的。利用原有的工业建筑改建成博物馆展示空间，不仅建设工期短、投资少，而且可以将节省下的资金投到其他有意义的地方。

很多工业遗产博物馆的建设是一个持续性的建造过程，会不断变化，建筑设计师只能通过不断调整来满足不同功能的需求。博物馆展示空间将会对不同的需求做出不同反应。在系统化设计的思考下，虽然我们并不知道这个反应的弹性到底有多大，但这种反应还是在设计框架之中的，是为工业遗产博物馆的可持续发展服务的。

第**4**章

工业遗产博物馆系统化
设计策略研究

我国工业遗产保护再利用经过了几十年的发展历程，在学习国内外先进理论和实践经验的基础上已经取得长足的进步，但由于自身条件的限制，政府层面对待工业遗产的态度还存在着不同程度上的误区，很多工业遗产聚集区所面临的历史和现实问题并没有得到很好的解决。现阶段，工业遗产博物馆作为工业遗产保护再利用的重要模式之一，在立项建设过程中也同样有定位不清、管理混乱、空间使用模糊的情况出现，急需通过系统化来整合先进的理念和社会化运营的手段，完成高效、多元的空间设计。

4.1 系统化设计策略的形成

工业遗产博物馆系统化设计策略的形成是建立在对城市所蕴含的历史、社会、文化资源的全方位分析基础上的，也是为适应当代文化遗产类博物馆发展趋势而提出的。在这个庞大的系统中，既要考虑城市规划体系中的博物馆定位要求，也要考虑到空间组织如何与博物馆的社会化经营相匹配。系统化设计贯穿了整个博物馆空间设计的全过程，对于功能的思索和空间形态的呈现起着重要的作用。

4.1.1 经验的借鉴

笔者对国内外工业遗产博物馆进行了大量文献整理和现场的调研工作，调研过程中总结了工业遗产博物馆可供参考的设计经验，厘清了工业遗产博物馆与工业遗产母体存在不可分割的内在联系、工业遗产博物馆与所处区域的融合关系、具体的功能分配和空间组织与使用者之间的关联性等问题。同时也敏感地注意到现阶段工业遗产博物馆对观众体验行为的极大关注，博物馆的公共空间设置迎合了城市的公共服务功能体系，从对工业遗产本身的关注转化为对观众理解、学习、体验工业遗产行为的关注，这是博物馆建设全过程中对人的要素的思考。大量单纯以美学符号和装饰手法完成的工业遗产博物馆设计已经无法满足使用者逐渐升级的要求，基于此，为了满足工业遗产博物馆的建设和运营需要，形成一套完整的、系统性的工业遗产博物馆设计理念是十分必要的，只有这样才能够满足其与城市公共文化系统的衔接，和作为运营主体参与社会化运行的需要，让视觉呈现与城市空间、功能设置与社会化运营、空间组织与多维体验以完美契合的形式结合在一起。

4.1.2　理论的导入

工业遗产保护再利用工作本身就是一个复杂庞大的系统，需要一个很强大的理论支撑。因此，城市规划学、建筑学、设计学、博物馆学、产业经济学、人类学、社会学等学科相关理论的引入也成为工业遗产博物馆系统化设计策略的重要组成部分。这些跨学科、不同领域学者的研究成果无论对工业遗产保护再利用还是对具体的博物馆建设及运行都有着重要的影响，对设计策略的建立起到积极的作用。

国外学者关于博物馆学的著名论著，像彼得·韦尔戈的《新博物馆学》、沙伦·麦克唐纳的《博物馆研究指南》、珍妮特·马尔斯汀的《新博物馆理论与实践》等，在对历史回顾的前提下，完成了对博物馆现状和发展规划的梳理。这些论著从不同角度对博物馆的未来建设提出了具有指导意义的建议，其中包括博物馆社会功能的放大，博物馆如何与观众进行互动，博物馆的展示功能及其教育功能如何与具体的经营活动结合。当然，也包括博物馆作为城市文化系统的一部分如何完成自身承担的使命，即它存在的意义，这些经典论述也同样适用于工业遗产博物馆。此外，国内一些著名的博物馆经营和管理者从国际化的角度、全球的视野和完善的操作规程方面指出现阶段我国博物馆发展过程中所面临的诸多不足，这种不足也正是系统化的设计策略所尝试弥补的。对城市空间存在的土地混合使用和紧凑城市发展问题的思考既包含了社会化运营的因素，也包含了经济上的考量。工业遗产博物馆空间灵活性组织能够实现土地利用的最大化，为解决城市中心可供开发的土地短缺问题提供一定的可能性。

博物馆的空间设计既包含对环境问题的应对方法，也包含技术的充分表达。建筑设计师对空间的理解是充分的，完成了多个遗产改造项目的建筑设计师陈屹峰在他的"组织"理念中提到："组织"意味着建筑设计师更多的是关心建筑的整体与局部、局部与局部、建筑与场所、建筑学与其他领域的关系。但对于技术的认知通常流于表面，建筑设计师更多的是关心环境的整体性与建筑场所氛围营造。而多维博物馆空间设计和博物馆整体的策划、展览模式、文化活动，展示空间的私密性与公共性、展品的展出形式与传统展览空间的冲突等都需要建筑设计师和管理者去平衡。

这些理论只是从不同角度分析和总结了工业遗产空间转化成艺术馆、博物馆的状态，分析了博物馆空间与工业遗产空间结合的可能性，但并没有回避空间异质性冲突存在的问题，还对这些冲突的理解和解决提出合理的建议，有利于拓展工业遗产博物馆设计者的思路。同时空间的设计也采取多样化的手法进行技术方面的表达，从而真正在系统化设计策略理论中，为工业遗产生产技术展示层面的缺失找到了一条可以前行的道路。

4.1.3 实践的探索

在笔者所参与的工业遗产博物馆具体项目实施过程中，已然尝试使用系统化的方法去指导设计实践，尽管这种系统化还处于初步的摸索阶段，但它所表现出来的对空间、功能、形式的整合，对设计的指导意义和对博物馆自身运营水平的提升都为之后建立工业遗产博物馆与大的城市空间、工业遗产外部环境之间的协调性关系提供了借鉴。

（1）实践工程1：兼具创意办公和综合展示功能·南通1895文化创意产业园展览馆

南通1895文化创意产业园展览馆位于江苏省南通市唐闸工业产业园区，利用原工业厂房层高优势，运用错层等手法创造出新的开敞空间满足展览与办公需要。展厅借助各种展览手段（多媒体、实体模型、图片展板、互动装置等）展示园区收藏品，对园区的历史进行讲述，对当下发展进行阐释，对未来进行展望。办公区将主体办公功能与样板展示功能结合，打造具有鲜明空间特质的办公空间，如图4.1所示。

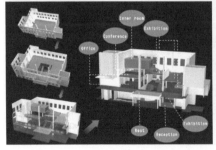

图 4.1 南通 1895 文化创意产业园展览馆

功能定位：园区推广、自主品牌展示、艺术展览、内部办公等功能互动穿插，打造后工业时代创意办公及综合展示中心。

空间形态：将南通 1895 文化创意产业园的"城市形态"引入室内，利用现有空间特征打造室内的"唐闸之城"，空间格局纵横交错，丰富性与功能性结合。

语言特征：对比协调历史与当代、工业与人文的矛盾关系，将唐闸的历史积淀及当代语言引入其中，形成唐闸独特空间语言的"缩影"。

(2) 实践工程 2：整合场地的空间序列·开滦国家矿山公园

开滦（集团）有限责任公司（以下简称开滦集团）是国有大型煤矿企业，始于 1878 年的开平矿务局，于 1921 年合并为开滦煤矿。开滦国家矿山公园项目的核心思路是把矿山公园作为载体，探索实现资源型企业转型的新方法，把矿山公园作为一种再生资源，作为开滦集团转轨变型的新兴产业，把开滦国家矿山公园建设成中国资源型城市转轨变型的典范。

①设计定位

a.资源整合。现代旅游产业的开发是一项综合性很强的工作，首要的是明确旅游业赖以生存发展的是旅游资源，如果要成功推进旅游产业的发展，必须对所拥有的旅游资源进行整合，进行系统的战略发展规划，明确开滦国家矿山公园的规划目标与设计定位。

b.与城市化建设相结合。开滦集团是唐山市经济支柱企业，唐山城市建设的发展在历史上是与开滦集团的发展兴衰相关联的，未来唐山持续发展的原动力仍然是由开滦集团企业转型决定的，同时由于矿区与市区区域位置相连，矿山公园的建设也是城市转型的关键。

c.工业旅游与生态旅游、娱乐休闲相结合。开滦国家矿山公园作为原国土资源部批准开发的重点项目有其一定项目优势，但工业遗产保护再利用、工业旅游应与生态旅游结合，通过项目开发提高环境生态品质。加强娱乐休闲项目的介入，使整体旅游开发系统化、持续化。

d.整体规划、分步实施相结合。注重计划实施的科学性，在较短时间内先完成总体布局以及战略要点的建设，以求得以点带线、以线带面的效果。

e.引入先进理念，实现企业人员素质的转变。工业旅游开发和工业遗产保护再利用的顺利进行要求参与其中的人员必须转变原有观念，加强管理以适应国际化的运营模式。通过此次企业转型，引入工业旅游的产品与文化观念，使企业人员能够实现自身转变。

②总体规划构思

a.规划原则

i.重点建设主题公园部分，以公园为核心来考虑未来辐射式发展的可能，这一模式也符合唐山矿原有的发展脉络，如图4.2所示。

ii.以交合的路口为整个区域的交通核心，周边环绕主题公园、度假酒店、商业街等项目，如此设计可有效增强城市吸引力。

b.规划形态及分区。主题公园部分采用盆地式形态设计，增强向心感。

i.地标构筑物的处理：建设煤矿博物馆、煤晶主题酒店、矿山主题入口、路口环岛

图4.2　开滦国家矿山公园总平面图

下沉广场、盆地中央景区、现状井架。

ii.园区路径处理: 以盆地为核心展开游览路径, 开阔场景与峡谷景观以及挖掘地下空间, 提高山体空间的利用率, 露天路径、内部路径结合空中游览路径, 形成三种不同路径的组合。

iii.景区安排: 主题公园区域分为矿区探险、地震体验区和休闲商业区, 每个主题景区的景观、设施紧扣各主题故事脉络, 利用不同的游览路径丰富游客的游览方式, 如图4.3所示。

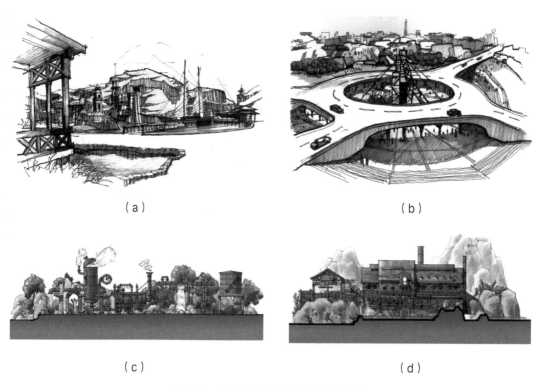

（a）

（b）

（c）

（d）

图4.3 开滦国家矿山公园景观示意图

（3）实践工程3: 推动城市环境更新·鲁家山垃圾焚烧发电厂环境提升项目

鲁家山垃圾焚烧发电厂位于北京市门头沟区鲁家山石灰石矿南区矿区内, 投资20多亿元人民币, 是亚洲最大的垃圾焚烧发电项目, 2013年开始试运行。建成后日处理垃圾3000t, 年处理生活垃圾100万吨, 处理北京市西部地区经分类分选后的垃圾。项目年余热发电4.2亿度, 相当于每年节约14万吨标煤。

①设计目标

a.从基地的山水环境出发, 调整景观格局, 将厂区与周边环境融合。

b.打造具有真正生态示范性、可持续能源利用的主题功能性景观, 与亚洲最大的垃圾焚烧发电厂的生态示范性地位相匹配。

c.将厂区与生活区功能结合联动，增加公共服务、公共文化功能，使之成为集可持续能源发展、生态环保教育、科学考察参观、配套服务于一体的具有亲和性的环保文化推广园区。

d.梳理景观路径与参观流线，丰富景观的文化内涵，建立具有示范性的环保主题艺术园区，打造具有品牌展示意义的、有特色的生态艺术观览路线。

②设计定位。在设计定位上针对厂区的整体山水格局进行分析梳理，通过建造景观的手法再次塑造厂区与环境的融合关系，对原石灰厂矿遗留的环境问题进行处理，塑造"厂与山和，四季变换"的整体景观形象。景观设计充分考虑到场地条件因素，坚持可持续设计理念，发挥生态效应，力求达到景观综合效益最大化和景观成本的最低化。选用具有生态恢复作用且有鲜明四季变化的本地植物，同时也形成丰富的自然景观季相变化。在原有的厂区参观活动基础上增加环保日、可持续能源利用教育、生态植物认知、艺术品参观与推广、攀岩等丰富的活动，如图4.4所示。

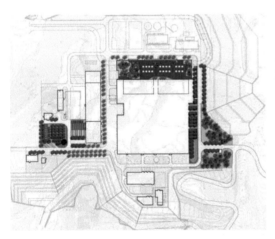

图4.4　鲁家山垃圾焚烧发电厂景观方案

4.2 系统论设计思想

系统论形成于1948年，随后为了转化为社会生产力相应产生了系统工程。20世纪60年代末，耗资3亿美元，有42万人、120个科研院所、2万家企业参加的美国阿波罗登月计划的成功，同样是系统工程的杰作。作为一个庞大的系统工程项目，该计划共制作了近700万个零件，动用了600台大型计算机，开创了先河。

系统论和系统工程具有综合性、交叉性、边缘性等特点，对各个领域的研究都有一定方法论的指导意义和解决具体问题的实际意义。现代设计的内外部环境已发生了巨大的变化，影响设计的因素更为复杂，以往那种凭借设计师的直觉和经验开展设计的方法受到了很大挑战。在复杂的设计对象、复杂的制约因素面前，如果没有系统的整体性、综合性、最优化的观念，没有系统分析的方法很难迅速、全面、准确地把握设计对象及设计目标，容易存在设计上的偏差，造成不可弥补的损失。设计的实质是创造，而创造的前提是对设计目标的把握和对相关要素的认识，否则便是盲目的。系统论的思想及方法，一方面对分析、认识与设计有关的各种要素有指导意义；另一方面也强调综合和创新是其根本性目标，设计师必须将理性思维、系统的方法和感性、直觉的方法有机结合起来，达到互补的效果。

4.2.1 系统的概念与内涵

系统是一个外延甚广的概念。相互影响或联系的事物（物体、法则、事件等）的集合都可以被视为系统。系统包含若干子系统，子系统也是由若干元素组成。著名系统论学者邦格在"系统哲学"的八条公理中提出"每一个实物不是系统，就是系统的成分"，"除宇宙外，每一个系统都是另一个系统的子系统"。系统性是客观世界在一切结构等级上表现出来的物质属性。

对于现代设计而言，关键的问题不在于对系统做出严密的定义，而在于对系统内涵及特性的理解，以利于正确掌握和领会系统论设计思想和方法指导设计实践。一般而言可以把系统理解为：由相互有机联系且相互作用的事物构成，具有特定功能的一种有序的集合体。关于系统的内涵可从以下几个方面来理解。

①系统是由多个事物构成的，是一种有序的集合体。单一的事物元素是不能作为系统来看待的，如一个单体空间、一个方法、一个步骤等。

②系统中的各个构成元素是相互作用、相互依存的。无关事物的总合并不能算作系统。

③某事物是否是系统并非是绝对的，这要从看待该事物的角度而定。如从城市的角

度，某街区的一个建筑不是系统，而只是该街区系统中的一个元素。但从建筑本身的角度看，该建筑的各功能空间则构成了该建筑。

④从层次的观点看，一个系统可以包含若干子系统，子系统也可以包含若干子系统，所以关键的问题在于看待事物的角度。

总之，系统的内涵是明确的，并不是任一事物都能称为系统。同时，系统的概念是相对的，它取决于人们看事物的方法。从这种意义上说，系统的概念不是告诉我们世界本身是什么，而是要告诉我们应该怎样看世界。

4.2.2　系统论的特性

系统论是研究系统的一般模式、结构和规律的学问，它研究各种系统的共同特征，用数学方法定量地描述其功能，寻求并确立适用于一切系统的原理、原则和数学模型，是具有逻辑和数学性质的一门科学。

奥地利学者贝塔朗菲强调任何系统都是一个有机的整体，它不是各个部分的机械组合或简单相加，系统的整体功能是各要素在孤立状态下所没有的性质。系统中各要素不是孤立地存在着，每个要素在系统中都处于一定的位置上，起着特定的作用。要素之间相互关联，构成了一个不可分割的整体。要素是整体中的要素，如果将要素从系统整体中割离出来，它将失去要素的作用。

系统论的基本思想方法就是把所研究和处理的对象当作一个系统，分析系统的结构和功能，研究系统、要素、环境三者的相互关系和变动的规律性，并优化系统的观点。系统论认为整体性、层次性、开放性、目的性、突变性、稳定性、自组织性、相似性等是所有系统共同的基本特征。这些既是系统所具有的基本思想观点，而且也是系统方法的基本原则，表现了系统论不仅是反映客观规律的科学理论，也具有科学方法论的含义，这正是系统论这门科学的特性。

（1）系统的整体性

系统的整体性指的是：系统是由若干要素组成的具有一定新功能的有机整体，各个作为系统子单元的要素一旦组成系统整体，就具有独立要素所不具有的性质和功能，形成了新的系统的质的规定性，从而表现出整体的性质和功能不等于各个要素的性质和功能的简单加和。

（2）系统的层次性

系统的层次性指的是：由于组成系统的诸要素的种种差异，包括结合方式上的差异，使系统组织在地位与作用、结构与功能上表现出等级秩序性，形成了具有质的差异的系统等级。层次概念就反映这种有质的差异的不同的系统等级或系统中的高级差异性。

（3）系统的开放性

系统的开放性指的是：系统具有不断地与外界环境进行物质、能量、信息交换的性质和功能，系统向环境开放是系统得以向上发展的前提，也是系统得以稳定存在的条件。

（4）系统的目的性

系统的目的性指的是：组织系统在与环境的相互作用中，在一定的范围内，其发展变化不受或少受条件变化或途径经历的影响，坚持表现出某种趋向预先确定的状态的特性。

（5）系统的突变性

系统的突变性指的是：系统通过失稳，从一种状态进入另一种状态，是一种突变过程。它是系统质变的一种基本形式，突变方式多种多样，同时系统发展还存在着分化，从而有了质变的多样性，带来系统发展的丰富多彩。

（6）系统的稳定性

系统的稳定性指的是：在外界作用下开放系统具有一定的自我稳定能力，能够在一定范围内自我调节，从而保持和恢复原来的有序状态，保持和恢复原有的结构和功能。

（7）系统的自组织性

系统的自组织性指的是：开放系统在系统内外两方面因素的复杂非线性相互作用下，内部要素的某些偏离系统稳定状态的涨落可能得以放大，从而在系统中产生更大范围的更强烈的相互作用，使系统从无序到有序，从低级有序到高级有序。

（8）系统的相似性

系统的相似性指的是：系统具有同构和同态的性质，体现在系统的结构和功能上，存在方式和演化过程具有共同性。这是一种有差异的共性，是系统统一性的一种表现。

系统论主要是一种观念，一种看问题的立场与观点，并不着重说明事物本身是什么，而是强调我们应该如何认识和创造事物。因此，系统论具有方法论的意义，是一种设计哲学观。

4.2.3　系统论与工业遗产博物馆设计

系统论对设计领域具有一定方法论的指导意义和解决具体问题的实际意义。工业遗产博物馆设计涉及博物馆学、建筑学、设计学、遗产保护等多学科领域，影响设计的因素是复杂而多变的，要运用系统的整体性、综合性、系统优化的分析方法指导设计，全面、准确地把握设计目标并获得实现目标的方法。

如果将工业遗产博物馆设计系统分为人、建筑、环境三个要素，就可以将设计分为三个子系统，分成三个设计方面，如图4.5所示。

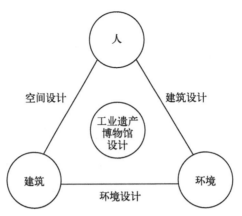

图 4.5　工业遗产博物馆设计系统示意

运用系统论设计思想指导工业遗产博物馆设计，体现以下几点特性。

①整体性。整体性即把事物整体作为研究对象，是系统论思想的基本出发点。构成工业遗产博物馆设计的多种因素如城市环境、社会背景、工业建筑、遗产保护原则等都是工业遗产博物馆设计的一部分，片面考虑或改善局部问题，会造成设计体系的不良后果。完整性也是文化遗产保护的根本原则之一。

②综合性。系统论方法是通过辩证分析和高度综合实现的。在工业遗产博物馆设计中工业建筑的功能置换、环境更新、技术实施、文化传承、艺术性等因素从构成、功能、相互联系等角度深入分析并综合考虑，搭建高效的设计框架。

③最优化。最优化即取得最好的功能效果，找到最好的解决问题的方法是系统论思想和方法的最终目标。各设计元素不是简单的叠加、堆砌，而是通过对全局的把控、对系统的认识、对相互联系的分析而得到全新的功能，达到整体大于部分之和的目的。

将工业遗产博物馆作为系统，运用系统论思想进行分析，比侧重个体评价更具代表性与说服力。工业遗产博物馆设计本身就是一个多元而复杂的跨学科主题，在实际运营层面也涉及诸如艺术、历史、科技、社会、经济等诸多领域。系统化设计是基于空间设计的研究角度，引入其他学科与博物馆的交叉部分，从更宏观的视角对设计工作进行指导。系统化设计要求设计主体具备系统头脑和系统眼光，注重设计问题的结构、关系和整体，由认识的单质、单层次、单维、单变量，过渡到多质、多层次、多维、多变量复杂因果关系。系统化设计主张工业遗产博物馆的空间形体要适应城市空间，其功能构成要与社会运营模式相协调。各种空间模块应有机结合，以期具备整体性、综合性，实现最优化。当前中国正处于工业遗产博物馆快速发展的前所未有时期，在探索发展的道路上需要不断总结理论经验来指导实践工作。工业遗产保护再利用和工业遗产博物馆已经体现出系统化需求，引用系统化的设计理念以期在工业遗产博物馆数量急剧增长的同时达到质的提升。

4.2.4　系统化设计要素

将博物馆作为设计系统来研究需要分层级进行，厘清设计要素的目的是通过系统研究综合掌握设计策略。如果将工业遗产博物馆设计系统分为人、建筑、环境三个要素，就可以将设计分为三个子系统，分成三个设计方面：建筑设计、空间设计、环境设计（详见4.2.3）。

工业遗产博物馆的建筑主体由工业建筑遗产通过功能置换而成，属于空间设计范畴。设计与技术密切相关，工程技术为设计实施提供有力保障，现代展陈技术直接影响设计的方向与效果，技术因素也是不可或缺的设计因素。所以，工业遗产博物馆系统化设计的三要素即为空间（适用）、环境（适宜）、技术（适应）。

（1）空间适用

法国城市社会学家亨利·勒费比尔在《空间的生产》一书中指出："空间生产就是空间被开发、设计、使用和改造的全过程，空间的形成不是设计师个人创造的结果，而是社会生产的一部分，受到某些社会驱动力的控制。"工业遗产博物馆作为社会的一面镜子反映社会生活的实质，当其社会角色转变为"城市纪念碑"时，其传统角色开始向更开放的态度转变。

空间的适用性体现在使工业遗产博物馆适应系统化趋势下的多功能并置，使之具有更强的体验性与互动性。有利于解决和优化当代工业遗产博物馆的空间由于生产型流线和空间划分造成的局促问题，同时也能够成为系统化城市网络和系统化城市功能定位的实践和延伸。

①多种体验的系统融合。步入体验经济时代后，社会大众的消费方式从有形的消费品向无形的体验转移，对于本体就是为输出工业美学、理念、价值、知识、文明等意识形态而存在的博物馆空间而言则更重视观众的体验。观众希望在愉快的感受中得到精神和知识的提升，所以观众要求在整体空间中获得的体验是多元的。系统化空间模式力求把多种体验——通识体验、休闲体验、衍生体验等系统共融，使观众在深度和广度方面都能获得满足感，留下难忘的记忆。

②加强工业遗产博物馆空间对发展的适应性。系统化趋势有助于工业遗产博物馆作为城市公共文化设施与城市在空间与公众服务方面高度结合，从概念和实施上改变其运营和展陈方式，开拓其内部功能及公共功能。北京首钢博物馆、景德镇陶瓷博物馆等案例都以实际行动证明系统化趋势之下，博物馆的空间必须放弃单一功能、"以物为本"的传统，采用系统、多变，"以人为本"的新模式才是系统化空间模式的核心思想。

③在有限的条件下提高空间的使用效率。由于工业遗产博物馆的功能拓展，需要在有限的工业遗产规模内，提升空间使用效率以满足更多的公共活动。系统化空间模式能

够有效解决这个问题，同时还可兼顾设备设施、功能干扰、商业活动对工业文化气质的影响等问题。

④建立博物馆空间形式的内在逻辑。博物馆空间形态的醒目视觉效果或者空间的独特性往往会导致功能屈从形式。有些工业遗产建筑和核心构筑物的造型充满震撼力，在设计过程中却被证明不适用于展览。"系统"就是要综合分析环境、功能和空间要素后建立新的空间设计秩序，有效避免"无理由空间""纯形式空间"的过多出现。当然不可简单理解为功能主义，理性的内在逻辑也有助于设计灵感的出现。

(2) 环境适宜

工业遗产博物馆建筑处于城市环境中，工业城市处于自然环境中，人处于城市建筑环境中，环境对设计的影响无处不在，设计更应该创造舒适、适宜的环境，更广泛地体现建筑的功能。

①自然环境的修复。工业生产活动往往造成严重的环境污染，在工业遗产的保护再利用过程中会采用相应的技术手段对污染地段进行修复。在工业遗产博物馆的设计中运用景观修复的手段进行环境设计，不但强化了工业整体风貌，同时对博物馆周边环境的治理起到积极的作用。

②城市环境的改善。工业遗产的属性与特色是工业城市的宝贵财富，其价值不止来自自身，更是源自与文化背景和环境的联系。传统工业的衰落严重破坏了曾经繁荣的工业城市形象，工业遗产博物馆代表着新的城市形象与发展方向，通过工业遗产博物馆的建设达到改善城市环境的目的。

③社会环境的建设。工业遗产博物馆是发扬与交流工业文化的场所，对社会大众拥有教育和文化传承的职能。工业文明急速推动了现代社会的发展，工业文化已然融入社会的各个方面，是工业社会文化建设的重要部分。因此，工业遗产博物馆的建设对社会环境建设起到积极的作用。

(3) 技术适应

工业遗产博物馆的实施是以技术支持为基础的，技术作为设计理念实施的手段使工业建筑的空间转换、功能置换成为可能。结构技术、材料技术、机电技术、文物保护技术、新媒体展示技术、管理技术都在工业遗产博物馆的实施与运营方面起着关键的作用。技术适宜性即选择合理的技术方式满足工业遗产博物馆的需要。设计应当依照一定的工作程序开展，使工业遗产得到最完备的保护，工业文化得到最广泛的传播，观众得到最舒适的体验。

①工业遗产的保护。针对文化遗产的保护有其相应的程序与规则，按照规则与程序开展保护工作是对工业遗产实施技术性保护的有力保障。如《巴拉宪章》的核心价值是通过制定文化遗产保护政策和策略确保遗产保护的效果。其中关于文物古迹的保护程序设置为：调查、评估、评级、确定目标然后实施并总结。作为博物馆有其固定的工

作程序，能够确保工业遗产保护效果，所以工业遗产博物馆的模式最适合工业遗产的保护。

②工业遗产的展示与文化交流。选择适宜性的技术可以突出展示效果，使工业生产展示更为鲜活、有趣味性。工业遗产本身带有的工业历史印记与鲜明的工业风格，配合多媒体展示技术的介入能够极大丰富观众的体验，增加展品与观众的互动，搭建更大的平台可有效促进工业文化的传播与交流。

4.3　工业遗产博物馆系统化设计

4.3.1　系统分析

系统分析是有目的、有步骤地探索与分析的过程。在工业遗产博物馆的建设过程中，设计、工程建设及管理人员从系统长远和总体最优出发确定系统设计的目标与准则，分析构成博物馆这一大系统的各层次子系统的功能与相互关系，以及系统与环境的相互影响。在调研和资料整理的基础上，产生对整体系统的设想，探索可能的方案。

系统作为许多分系统和组成要素的集合是较为复杂的。除了在整体上把握系统的特性外，还应对其进行解析，把大系统分解为若干分系统，分系统也可进一步分解。这样就有利于用以往的经验和知识对分系统进行分析和处理，把复杂问题条理化、简单化。最简单的系统分解是结构要素的分解，如把工业博物馆分解为外部空间、建筑本体、室内空间、展品展项等。分解不只适用于设计对象本身，设计中的许多方面都可以用系统的观点来认识和解析，比如系统设计目标的明确化、系统设计的评价、系统设计进程的安排等，不管多么复杂的问题，都可以通过分解达到条理化。这种情况的分解，如同结构上的分解一样，不仅是平面的，立体的分解也很多。比如系统设计包括多种设计目标时，就要进行按级分解，分为大、中、小各级。如再将各级项目细分，内容就清楚了。在分解时，有两点是应该注意的。一是分解的程度应适当，过细不仅花费精力，也使系统综合变得困难，过于粗略则不利于分析。因此，分解为分系统的数目问题值得注意。二是选择好分解的位置，应在分系统间联系最少处，以免各分系统分析时的干涉过多。在系统论中，分解的概念是十分重要的，分解也是一种分析方法。

系统分析在实际设计应用中所涉及的范围十分广泛，问题的性质也有较大差异。既有宏观的，也有微观的；既有定性的，也有定量的。针对不同的系统问题，要用不同的方法加以分析解决。因此，系统分析没有特定的技术方法，它随分析对象和问题的不同而不同，各学科定量、定性的分析方法，原则上都可以为系统分析所借用。系统分析时，定量分析与定性分析应是相互结合的。

4.3.2 系统设计目标的拟订

通常在研究分析之后，必须为设计确定出一个较为明确的系统设计目标，以便所有参与设计的人员能有一个设计基准。系统设计的思想和方法包括：①确认问题构成的主要部分（设计变量）；②确定变量间的关系；③预估设计中的变量值；④确认变量的限制条件；⑤调整每一变量的值；⑥选择最佳的设计组合。目标是实现计划想要达到的境地或标准。工业遗产博物馆设计是通过对设计项目的相关因素，如工业遗产的价值与现状评估，对遗产周边环境因素等进行调研、分析、总结，提出适合的设计目标、设计理念、设计方法。德国建筑设计师J. 约狄克将设计目标分为理想目标和具体目标，如图4.6所示。理想目标往往受观念、经济、技术等因素影响而不能实现，具体目标可以分为可定量和不可定量两种。系统化分析目标有助于厘清相关制约因素的内在联系，排除干扰，加强对既定目标的把控。

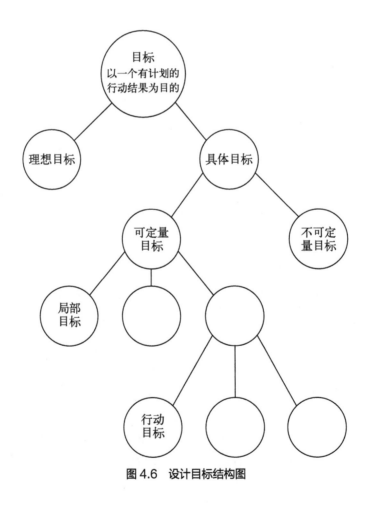

图 4.6　设计目标结构图

工业遗产博物馆设计的终极目标是实现工业遗产的最大化展示，进而为工业文明的塑造提供支持，在精神层面上完成对观众工业文明的洗礼。但事实上，在对工业遗产进行利用的同时，从另一方面讲就是对其造成了破坏，而且工业遗产作为一种物质存在一直是不断消磨直至消失的。通过设计干预，转换工业遗产的使用价值，并使其他价值尽可能延续，发挥最大社会效益是工业遗产博物馆系统的具体目标。将设计具体目标细化、制约设计的具体因素量化，依据其可量化目标逐层分析，以期达到最优化的设计结果。

上述系统设计目标的拟订是在具有确定性的情况下进行的。系统设计在完成确定性和不确定性问题方面都有着积极的意义，对于工业遗产博物馆设计系统来讲，系统化能够帮助设计师把城市、空间、工业遗产、建筑、人等相关因素作为一个整体进行考虑，博物馆的设计过程也从方案前期的调研、中期的论证到后期的评估，综合所有与设计相关的因素，完成之前预期的设计目标。

4.3.3 设计结构层级系统

建筑存在的基础是其物质性，文化类建筑则更注重表达其精神性，从物质追求到精神追求的演变就构成了设计结构层级系统。从物质意义、象征意义、精神意义逐层递进构成系统，如图4.7所示。

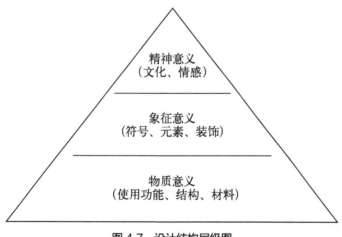

图 4.7 设计结构层级图

（1）物质意义

工业遗产博物馆建筑首先要具备使用功能。按照公共活动要求设计相应的空间与场地，为工业遗产收藏与展示提供条件，为与工业文化传播有关的社会活动提供保障，才能够实现其作为博物馆存在的物质意义。

（2）象征意义

象征意义（symbolism）是一种精神分析术语，被压抑的、潜意识的愿望或冲突通过其他事物替代而表现出来的方式。工业遗产博物馆保留的工业符号具有象征意义，工业建筑、工业设备、工业生产环境都强烈地传达着工业精神。在设计中对其进行系统的规划、合理使用、保留、艺术化改造，使其脱离构件自身的物质意义，从而上升至更高的意义层面。

（3）精神意义

超越符号与物质本身的意义，升华为精神意义。在工业遗产博物馆设计中体现工业文化，传达弘扬工业文明的思想，展现时代精神，使博物馆建筑融入工业文化背景与人们的历史情感之中，唤起人们对热血澎湃的工业时代的记忆，产生共鸣，构建场所精神。

4.3.4　系统融合设计方法

系统融合设计方法就是要在系统论设计思想的指导下，强调设计元素之间的联系，以综合的方法使各元素相互适应、融合，从而达到既定目标的设计方法。系统是研究方法，融合是设计目的。

（1）设计概念统一

设计概念是主导设计的核心思想，是设计的精髓所在，赋予作品个性化、专业化的效果。概念指导设计活动，同样的外在条件下，不同的设计概念将形成不同的设计结果。

文化遗产保护理念反映在文物建筑领域，很大程度是针对文物建筑的保护与修复。工业遗产博物馆的设计不仅要对工业建筑空间和内外部环境进行保护与修复，还需要赋予其新的功能。这就需要博物馆设计与相关领域展开多方面合作，特别要在设计中将文化遗产保护理念与工业遗产博物馆设计概念相统一，创造既满足文化遗产保护需求，又满足使用需求，同时兼顾城市发展与企业利益的工业遗产博物馆。

（2）多学科交叉

工业遗产保护再利用涉及多学科，广泛听取多领域的意见，从多角度进行规划、保护与再利用，可以避免片面的分析导致不可挽回的文物损失，使遗产价值最大化。由于工业遗产保护再利用模式的多样性和其社会教育与服务的功能要求，工业遗产博物馆的设计还与后期运营、企业利益密切相关，所以要使工业遗产博物馆顺利实施与运营，就要在更宏观的层面进行多学科交叉，来保证设计的整体与全面性。

工业遗产博物馆设计要求设计中涉及的遗产保护、博物馆学、建筑学、设计学等多学科合作，只有在多领域融合协同，才能丰富设计思路、手段，为设计指引方向，如图4.8所示。

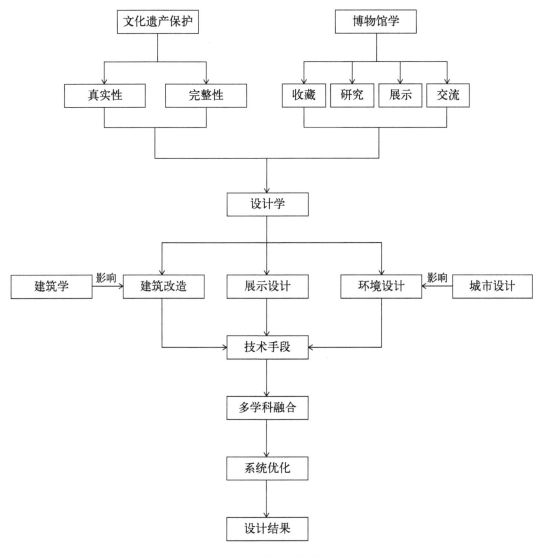

图4.8 多学科融合框架图

（3）设计要素融合

工业遗产的保护与展示是工业遗产博物馆设计的核心目标，工业遗产博物馆设计系统中各设计要素融合发展才能实现目标优化。运用系统化设计方法将设计核心要素分解为空间、环境、技术，在解决各要素设计问题的前提下，围绕设计核心目标，需要综合系统地按照工业遗产保护再利用与博物馆功能要求进行设计分析，不能孤立考虑单一情况而忽略各要素之间的联系，要使各设计要素融合，协同达到工业遗产博物馆设计系统的和谐发展，如图4.9所示。

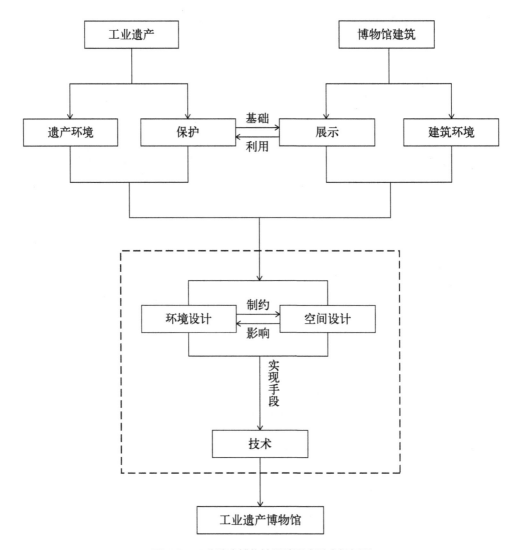

图4.9 工业遗产博物馆设计要素融合框架图

4.3.5 工业遗产博物馆系统化设计理念建构

　　将系统的诸多要素组成具有新功能的有机整体是系统化设计的意义所在。我国著名建筑史学家侯幼彬曾说：建筑作为复杂的系统是由多种因素构成的，其内部为多层次、多目标、多值、多变量结构，设计应该把握整体性、系统性。建立系统化设计体系就需要在设计方法和理论研究中坚持系统化设计思想。工业遗产博物馆是一个系统工程，运用系统论设计方法，纵向沿历史轴线，横向兼顾城市文化发展与经济技术进行研究。工业遗产博物馆不能独立存在，它与工业历史、社会环境、工程技术密切相关集成设计系统。面对复杂的设计元素，根据系统整体性原理分析其内在联系将其整合在一起，形成系统化设计理论，进而通过对整体进行划分，针对系统的特征深入剖析而加深对工业遗产博物馆系统设计的认识。工业遗产博物馆系统化设计特征如下。

（1）目的性

工业遗产博物馆作为工业遗产保护再利用的有效模式之一，其设计要以文化遗产保护理论为指导，以工业遗产保护为目标。任何损害工业遗产保护的利用方式都是应该避免的。提前建立工业遗产评价体系对准确定位工业遗产博物馆设计有很大意义，可以有效减少对工业遗产保护的核心目标造成的伤害。

（2）开放性

①多专业参与的开放性。博物馆学、建筑学、规划学、设计学、文物保护、政府部门、公众参与等多方面共同参与设计，才能取得理想的效果。

②外部空间的开放性：面向公众开放的研究空间，面向城市开放的休闲空间，与城市空间相交融，与环境相协调，赋予空间以场所精神。

③内部空间的开放性：多层次的开放空间有利于工业文化的交流，提高空间使用效率。

（3）有序性

系统中涵盖的多层次结构是有秩序进行工作的，工业遗产的规模、种类各异，其经济、历史、文化等价值也各不相同，掌握其内在规律，通过系统化设计将空间、环境、技术等设计要素有序串联起来，使之协同发展最终达到系统优化的目的。

（4）适应性

适应性指在工业遗产博物馆设计中建筑主体与城市环境相适应，内部空间与公众需求相适应，展示设计与文物保护相适应，设计与技术相适应。如果构成系统的子系统或元素不能很好地相互适应，就会造成系统的动态性，系统适应性的广泛实现，是保证系统稳定的基础。

（5）多维性

利用新技术打造空间的多维性，增加多层次体验，注重展品与观众的多层次交流与互动。展陈新技术可以有效避免传统博物馆的线性、平面化的展示特点，打造多维空间、虚拟空间，实现多层次体验职能。

工业遗产博物馆是工业遗产保护再利用的有效模式，工业遗产博物馆设计受遗产保护、建筑学、设计学等多学科影响，同时还受主管部门、建设方、运营方的制约导致设计的局限性，需要运用系统设计思想指导设计，实现工业遗产的保护再利用。系统设计观念有助于更新思维方式，从更全面的角度展开工业遗产博物馆的设计研究；有助于更深层次、有序地挖掘设计的影响因素，找到其内在联系与运行规律来解决问题；有助于科学地分析与综合系统内各子系统、要素，找到工业遗产博物馆设计的关键点，形成适应工业遗产博物馆设计的策略以指导设计实践。

4.4　系统化设计策略的内涵

4.4.1　功能适应性设计

　　系统化对工业博物馆的设计和运营工作提出了全新的要求，这也是为了适应运营过程必须面对的市场营销和社会服务的挑战，系统化的设计策略要求工业博物馆在前期可行性研究报告阶段就对未来功能的组织、功能之间的相互关系以及功能设置与未来运营的匹配度进行综合考量。这种设计方法即功能适应性设计。

　　工业遗产博物馆在立项之初就应该考虑经营主体的问题，包括政府的角色、企业的位置和相关社会团体的参与度，以及运营模式的社会化和经营团队的市场化。这些措施能够对变化的社会需求和博物馆自身服务功能的拓展进行良好回应。同时，对现阶段消费文化的深刻理解，也使得运营团队能够提供更多的消费性服务和博物馆衍生品的价值增值，这在成功的工业遗产博物馆中已经成为约定俗成的运营规律。但由于观念上的差异，工业遗产博物馆设计对于营利性运营方面更是一直未有真正的关注。

　　博物馆的消费性服务不再是简单的商品售卖，更多的是提供整体性的消费体验。工业遗产博物馆也不再是单纯的研究和科普教育单位，在明确展览主体功能之后，利用合理的流线组织、完善的空间形式、沉浸式的体验氛围来引导消费，使观众甘愿为设计师的精心设计付费。消费性服务功能作为博物馆整体功能的重要组成部分，更应该衔接和整合区域文化资源，加强与城市公共服务的相关性，对区域和城市文化经济相关产业发展起到推动作用。

　　功能适应性设计是在对整体功能配置的通盘考虑基础上完成的，也是对前期项目策划深入理解之后形成的。良好的功能定位能够成为城市文化系统专项规划的有机补充。同时，也对博物馆建筑设计、环境设计以及空间展示设计提供设计上的指导，其具体的设计措施将在第5章展开阐述。

4.4.2　空间适用性设计

　　随着工业遗产博物馆功能的拓展，博物馆自身的空间体系也产生了变化。对于工业遗产建筑空间形态的系统性调整也势在必行，空间的多变性与体验的多样性结合，强化主体空间即展览空间与其他空间的配合。将博物馆公共空间和室外场地与城市环境渗透、交流和互为补充。这种适应变化的系统性空间设计就是空间适应性设计。

博物馆的功能组织有它自身的规律，经济、文化、技术、社会等诸方面的因素都会对工业遗产博物馆的建设和运营产生重要的影响。从博物馆自身对待遗产的态度可以看到挖掘、研究和展示遗产文化资源，仍然作为功能的主体部分而存在。

随着系统化的发展，除了传统的三大功能——收藏展示、学术研究、社会教育外，精神需求的上升使"体验"成为大众生活的关键行为。因此，当代的工业遗产博物馆面对全方位体验所采用的功能适应性设计能够帮助文化遗产爱好者和工业美学、工业技术的追随者在知识方面得到很好的提高，也能够使观众和周边居民在认知体验方面和加强工业文明感受方面受益良多。

传统的博物馆空间设计中，功能分区作为对三大功能的回应表现得十分明确，这也导致一些设计师对传统博物馆功能进行单一化处理。在工业遗产这一特定主题的空间中，文化遗产的展示功能模块和公共空间的相互渗透，工业遗产的生产工艺流线与参观流线等多重流线的组织，使空间呈现出复杂的、混合的、多义性的重组特征。尤其是工业博物馆内外部空间自我完善逻辑的建立与城市空间的主动结合成为工业遗产博物馆空间适用的关键所在。

大多数的工业遗产博物馆在遵从规划要求基础上，在自身场地规划层面，往往更注重遗产空间的历史性、纪念性处理。通过空间秩序的建立完成纪念碑似的入口空间设计，通常尺度巨大而缺失细部的广场设计最为常见。由于对环境行为与城市的其他功能的契合等综合性因素考虑不足，在空间形态的处理上也多强调遗产建筑自身的变化，在与周边城市空间建筑形态造型上的对话层面并没有进行更深层次的探索。在工业遗产博物馆空间系统中，设置为社会公众服务的、共享的集中性商业服务设施是十分必要的。在单体的博物馆建筑中，首层和地下一层空间具有适度的通用性和适应性配置以满足博物馆功能的多样性要求，便于公众社会交往活动的展开，其具体的设计研究将在第6章展开阐述。

4.4.3 环境协调性设计

工业遗产博物馆所处的场地环境具有历史、社会、技术、美学、经济等多重价值，同样承载着整个工业文明成长过程中的大量信息。工业遗产的保护再利用必然受到外部环境（自然、社会、城市）的制约和影响。工业遗产博物馆不仅仅是将老旧的建筑留存下来恢复其生命力，更要使其融入当下的城市活动之中，创造独特环境性格的公共空间。如何在设计上将其同城市公共空间紧密结合并完成博物馆内外部环境的良性塑造，使工业遗产风貌整体呈现是处理好工业遗产建筑与场地空间环境的关键性内容，其具体的设计研究将在第7章展开阐述。

4.4.4　技术适宜性设计

工业遗产博物馆的建设离不开先进技术的支撑，其中包括工业遗产的修复技术和再利用的结构检测加固、外立面处理等内容。先进的技术手段可保证工业遗产建筑及重要的生产设施和技术信息的完整性活化。再利用过程中，通过对工业遗产的最小化干预来实现工业遗产自身的原真性表达。同时，技术适宜性设计在新技术如数字媒体的选择上为工业遗产的保护再利用和工业文化的展示提供了更多的条件，其具体的设计研究将在第 8 章展开阐述。

4.5　系统化设计策略的实质

4.5.1　原真性保护

在工业遗产博物馆规划和建设过程中，建筑设计师应遵循《下塔吉尔宪章》提出的价值准则，借鉴国外的工业遗产认定标准，依据工业遗产的历史价值、科学技术价值、艺术审美价值和社会文化价值，同时参考特殊原则（真实性、完整性、稀缺性、多样性等），制订工业遗产评价体系，并制定工业主题博物馆的分级体系，对工业遗产博物馆建设进行科学系统的指导，避免出现原真性偏差。

工业和信息化部在《国家工业遗产管理暂行办法》中明确："一是在中国历史或行业历史上有标志性意义，见证了本行业在世界或中国的发端、对中国历史或世界历史有重要影响、与中国社会变革或重要历史事件及人物密切相关、具有较高的历史价值；二是工业生产技术重大变革具有代表性，反映某行业、地域或某个历史时期的技术创新、技术突破，对后续科技发展产生重要影响，具有较高的科技价值；三是要具备丰富的工业文化内涵，对当时社会经济和文化发展有较强的影响力，反映了同时期社会风貌，在社会公众中拥有广泛认同，具有较高的社会价值；四是其规划、设计、工程代表特定历史时期或地域的风貌特色，对工业美学产生重要影响，具有较高的艺术价值，这四方面价值是认定国家工业遗产的主要条件。"

工业遗产的价值研究一部分是针对工业建筑独特的空间形态特征以及技术美学等，对人类活动有重大影响的因素进行评价。其主要目的是强调价值的整体性和评价的交叉性，致力于发挥其综合价值，而不是追求单一的经济价值、生态价值和文化、美学价值。工业遗产的价值评判可以是多角度和多层面的，社会伦理观、社会价值观、政治角度、经济学角度，甚至个人价值观念都可能影响对其的判断。工业遗产具有稀缺的历史价值、先进的科技价值、独特的艺术价值、多样的文化价值、功效的经济价值和丰富的社会价值。

工业遗产价值评估体系的建立是工业遗产保护再利用的重要组成部分，对其价值进行研读是对工业遗产进行科学保护再利用的基础，也是工业遗产博物馆设计的基础。

《下塔吉尔宪章》提出："将工业遗址改造成具有新的使用价值使其安全保存，这种做法是可以接受的，而遗址具有特殊历史意义的情形除外。新的使用应该尊重重要的物质存在，维持建筑最初的运行方式，尽可能地与先前的或者是主要的使用方式协调一致。"工业遗产包含务实创新、兼容并蓄等诸多工业生产的独特品质，可以通过它读取工业化时代的历史。保护工业遗产既是保护工业历史，同时也是发扬工业精神。

遗产保护遵循真实性与完整性原则，将工业建筑改造为博物馆有两种形式。一种是原址改造。利用原有工业建筑框架，改变部分结构以适应新的用途。另一种是新旧结合。旧建筑不能满足功能要求，在保护的前提下对其进行扩建，构筑新的建筑空间。不论采用何种形式，前提是保护工业遗产原真性，要在保护的基础上进行功能置换。

4.5.2　适应性利用

工业遗产博物馆系统化设计是通过创造性的思维实现对空间的完整性阐释，建立在多重负载因素考量基础之上，对区域发展、未来使用和遗产保护层面的积极回应，也是对既存工业遗产建筑清晰可识别逻辑的尊重。适应性利用体现在人工环境的自我更新，强调少量的干预，强调对工业文明线索的提示，激发人们对工业遗产特殊性的关注。通过环境构成要素的再用与重构、内部空间灵活性使用来实现经济、文化、可持续方面的共赢。适应性设计理念一方面是应对系统化趋势的设计理念，另一方面也是强化其积极作用的设计措施。

工业遗产博物馆系统化设计既包含传统的工业遗产保护再利用的工作内容，也起到了遗产再利用之后进行更大化的遗传信息传达的作用，因此需要尽可能地在旧的遗产空间内注入新的功能。将工业遗产建筑改造为博物馆更需要利用产业建筑自身的特点进行适应性的功能调整、空间整理、合理装饰以及室内外空间配套设备设施的更新，使工业遗产真正活化并融入当代城市生活中。适应性的设计理念要求在引入博物馆功能时，既要在建筑外观上保留工业遗产的历史风貌，又要满足新的使用功能需要，并塑造富有时代气息的新形态。

4.5.3 整体性思考

工业企业在工业高速发展时期就与城市的关系非常紧密，在一些大型的工业城市和资源型城市中工业企业成为独立的板块单元，它的兴衰成败对于城市的发展起着举足轻重的作用。工业的发展受到城市的环境、资源、交通、社会等各种因素的影响，200多年来工业社会发展也形成了城市所独有的特殊文化景观和社会生活习惯。现阶段工业遗产改造不仅对产业结构转型和刺激经济增长有积极的作用，同时对社会关系的优化也有正面的影响。

工业遗产保护再利用作为复兴城市的重要途径之一，需要从城市空间、建筑本体和使用者多角度进行综合考虑，在工业遗产博物馆建设设计领域，特别是空间创造的过程中，更应该将工业遗产的先进性、社会性和时代性统一，从整体上把握工业发展的脉络，解决空间与展示主题的结合问题。日本建筑设计师长谷川逸子在《作为第二自然的建筑》一书中写道："建筑不应该被当作一种孤立的作品设计出来，而应该被当作某种更大的东西的一部分。"

适应性设计研究是把工业遗产放在更广阔的空间和时间里进行多维度的整体思考，它强调一个贯通的设计观念，对于社会、经济、文化、历史进行通盘的解读与分析，最终形成完整的方案，主要体现在三个方面。

其一，关注工业遗产博物馆在工业文化传播方面的特点，使之能够嵌入城市空间的网络格局中，并对城市在空间品质提升、公共服务扩容等方面做出努力。

其二，整体性的思考在全面利用整个城市资源方面有着积极的意义，将博物馆的运营与其他相关产业结合，更便于实现多领域的协同共赢。

其三，整体性的思考是对工业遗产原真性保护的有效保证，也是工业遗产博物馆建设者、设计者、管理者在相同的语境下共同作用的结果。

4.5.4 综合性设计

工业遗产博物馆设计立足其整体性、渗透性、开放性的活性动态特征。建筑设计师需要洞察系统各要素之间的关系和相互作用的规律性，运用系统设计方法与多元设计语言，进行整体、多层次、全方位的叙事表达与审美演绎。在具有多环节交融、多领域渗透特点的设计实践中深度挖掘创意潜能，通过综合性设计获得解决复杂设计的步骤、程序和方法。

在设计思维之初就建立强调整体思考、系统思维的意识，用系统论的思维逻辑指导解决当下社会复杂的设计需求问题。把工业遗产博物馆涉及的专业知识串联在同一设计平台，设计进程依托精深探究、类比对照与逻辑框架，在跨学科视野和复杂社会语境中进行整体且系统的建构。抓住综合性系统设计的动态特征，从组成系统的各要素之间的关系和相互作用中去发现系统规律性，通过理论模型的建构，明晰来龙去脉与文化内涵，达到完整呈现与表达。系统化设计策略主张通过对外在因素的整合达到内在问题的解决，是一种综合性的设计思路。

4.6 系统化设计对工业遗产博物馆的意义

我国大规模的工业用地更新始于20世纪80年代，经过混沌的摸索阶段从初期的拆毁转变为保护再利用的方式，最终形成较为成熟的工业遗产博物馆模式。工业遗产保护再利用相对于传统的文物保护是新生事物，工业遗产博物馆设计更是受制于社会大众对工业文化的认知与关注程度。工业遗产博物馆设计不同于其他类型的博物馆设计，其他类型的博物馆作为公共建筑往往会得到社会的普遍重视与支持，而工业遗产博物馆的直接利益相关范围要小得多，又往往因为其自身规模和价值的影响得到的关注极其有限，导致工业遗产博物馆设计存在一定的片面性与局限性。

现阶段许多行业类和专业型工业遗产博物馆的设计工作大多是由遗产所有企业主导的，企业从自身的角度指导设计的结果就是过多地关注企业文化甚至经济利益，导致设计目标与企业目标存在冲突与矛盾，造成设计碎片化。建筑设计师对工业文化的了解与认知程度也会造成其对工艺流程与产品产生片面的理解，导致设计的主观性过大。工业遗产是工业城市乃至人类工业文明的宝贵财富，工业遗产博物馆设计更应该注重保护遗产的真实性、完整性，建构更具公共性、开放性的城市空间。

工业遗产博物馆设计是涉及建筑学、设计学、遗产保护等多学科、多领域的综合项目，肩负着工业城市形象提升、工业文化发扬与传承的重任，同时又受到城市环境、社会环境、技术因素等制约，是一个复杂的系统。所以造成工业遗产博物馆设计缺憾的原因，既有相关利益主体观念的局限性，也有工业遗产其自身的特殊性，而最根本的原因是缺乏对工业遗产博物馆设计的系统化认识与把控。需要运用系统分析、系统综合的方法为工业遗产博物馆设计建立新的设计理论体系以指导设计实践。

①从弘扬工业文明的角度认识工业遗产博物馆的公共文化性。以工业文化建立公众与展品的内在联系，满足社会大众的精神需求与多层次体验需求，通过空间系统化设计使原工业建筑空间得以实现多种可能，从而满足工业遗产博物馆的多种功能要求和不同群体的多样化需求。

②从工业遗产保护的角度挖掘工业遗产的潜在价值。进行博物馆空间功能设计，在对原有工业建筑科学保护的前提下进行系统化功能设计，完成合理的功能置换，为工业

遗产注入新的活力，充分体现工业遗产的内在价值。

③从城市发展角度、生态恢复角度、社会发展角度，全方位认识环境设计的重要性。通过设计对博物馆与自然环境、城市环境、社会环境的关系进行调节，使博物馆与环境和谐相融，实现工业遗产的整体性保护。

④从现代技术运用的角度，运用开放性的思维突出工业遗产博物馆的现代性。现代技术不但为设计的实施提供支持，同时也为设计观念开拓了新的空间。通过系统化运用建筑工程技术与当代展陈技术，为创造具有时代特征的工业遗产博物馆提供前提和保障。

系统化设计策略在设计层面优化工业遗产博物馆的运营和发展，综合考虑工业遗产的历史、遗产相关的人文因素、公众生活等因素，提高工业文化的普及度和工业区的环境质量，并有助于工业城市的转型，增强工业城市在当代社会的文化竞争力。系统化设计策略对工业遗产博物馆发展的综合优化作用如图4.10所示。

图4.10　系统化设计策略对工业遗产博物馆发展的综合优化作用

第**5**章

工业遗产博物馆功能
适应性设计研究

5.1 功能适应性设计的影响因素

5.1.1 社会需求变化

　　20世纪中叶以来，由于人类认知水平和实践能力的大大提高，以及科学技术的突飞猛进，客体、主体和主客体的中介——实践发生了革命性的变化，博物馆的数量急速增长（图5.1）。目前国内已经建成与正在建设和计划建设的近现代工业遗产博物馆已有上百座。七八十年代，全球经济大衰退使博物馆逐步增加了社会服务功能，博物馆在收藏功能的基础上还发展出了教育功能。工业遗产博物馆作为博物馆的特殊类型，是文化产业的一部分，是社会构成的上层建筑，受到经济基础的制约。

　　工业遗产博物馆的社会功能在原有学术研究和知识传播上有很大的扩充，承担了比较多的社会责任，这主要是由博物馆的自身功能定位与整体社会需求变化之间的适应性决定的，这些社会需求集中体现在以下三个方面。

　　其一，举办高水平的展览。无论工业遗产博物馆的规模如何，其自身的藏品和展览的质量都决定了博物馆的品质，经由工业遗产建筑改造完成的工业遗产博物馆更是由于自身的历史文化价值更显得弥足珍贵。在场地中存有大量的工业遗产设施设备，可以通过现代化的展陈手段，表达工业遗产博物馆自身的学术主张，引发整个社会对工业遗产的关注，扩大区域工业文明的传播。

　　其二，打造系统性功能空间，完成学术研究、社会服务、休闲消费空间的功能拓展，实现博物馆内外部空间互动的同时，也为博物馆与城市活动结合提供场地和服务。

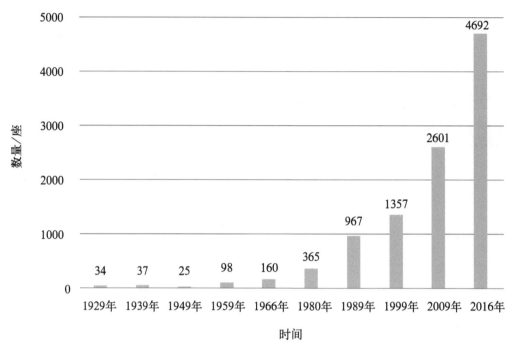

图 5.1　中国博物馆数量增长情况

其三，以工业遗产博物馆为核心引擎，利用博物馆的文化资源和空间形态的视觉影响力，增加工业遗产博物馆的品牌价值，打造城市文化地标才是工业遗产博物馆真正成为拉动城市复兴的内在驱动力。

5.1.2　运营管理升级

随着工业遗产保护再利用理论和博物馆建设理念的更新，工业遗产博物馆越来越重视社会服务功能，博物馆陈列展览、社会教育和整体服务的模式与方式也随着人们认知的改变在逐渐转变。国务院 2015 年颁发的《博物馆条例》将博物馆定义为"是指以教育、研究和欣赏为目的，收藏、保护并向公众展示人类活动和自然环境的见证物，经登记管理机关依法登记的非营利组织"。从对博物馆的定义可以看出，博物馆是一个为社会提供公益服务的机构，体现社会价值是博物馆的重要目标。博物馆的社会服务功能是通过教育功能体现的，我们可以把它理解为与社会的沟通和交流。社会沟通是多层次、多角度的立体多维世界，既包括过去、现在、未来的时间沟通，也包含着世界各地不同文化之间、不同博物馆之间的空间交流。此外还包括工业遗产与公众之间、博物馆与文化产业之间的沟通。

在社会服务层面，需要适当调整运营模式来提高社会化服务的能力和保持工业遗产博物馆自身持续发展的能力。工业遗产博物馆与社会的关系是开放的，由市民、使用者和观众共同来完成。工业遗产博物馆表达出的工业美学价值和其隐藏的社会意义有助于提升整个城市的空间品质和生活状态。适度设置营利空间也利于运营模式的升级，既可以提供一定的经济收入又可以扩大社会教育功能，保证大量社会化交流的顺畅，从而形成区域经济领域的互通、互动。例如江西景德镇陶溪川文化街区里不但有陶溪川美术馆、央美陶溪川美术馆、陶瓷工业遗产博物馆等艺术交流空间，也开放了为年轻人实现创业梦想打造的邑空间，成立陶溪川景德镇国际工作室，吸引外国艺术家驻场创作交流；设立了陶公塾，开设研学旅行、教育实训、国际交流等多种特色教育服务，还容纳了陶溪川国贸饭店、上茶下咖等多种内容业态，如图5.2所示。

图5.2　景德镇陶溪川文化街区风貌

5.1.3　产业协同共赢

综观人类社会发展的历史，文化既表现在对社会的凝聚作用和对经济发展的驱动作用上，也表现在对相关产业的引领上。当今时代文化大数据、数字内容、媒体融合、智慧文旅、人工智能、数字文博等领域成为产业融合的新热点，且不断向文化遗产资源、场馆教育、演艺娱乐、全媒体等行业渗透，催生出新场景、新模式、新业态。文化产业通过改变传统产业生产方式，形成开放的、网络化和智能化的新型文化生产体系，激发产业协同共赢的新动能。

图5.3　中间美术馆及其周边环境

中国共产党第十九届五中全会提出加快构建以国内大循环为主体、国内国际双循环相互促进的新发展格局。文化经济是双循环中的重要环节，文化消费正逐步成为拉动内需和推动经济增长的重要动力。国家对文化和创意产业的重视使文化休闲产业进入了高速发展时期，高质量大众的休闲行为，带动了区域经济的高速发展。休闲经济与文化创意和工业遗产保护再利用相结合，形成了具有独特魅力的工业文化休闲产业集群，工业遗产博物馆作为其中的关键性因素，也开始超越功能与形式的限制，力求满足全民在信息碎片化时代对于高质量文化内容的需求，促进全民文化科学素质的提升，完成与相关产业进行融合优化、资源共享、协同创新，最终带动文化休闲产业的发展。例如由中间美术馆带动的中间艺术区的开发，中间建筑的前身是西山除尘器厂，利用原有工业厂房建设的艺术社区周边有影院、剧院、商店、咖啡馆、餐厅等，完善配套的相关产业有效提升观众的参观体验，艺术馆的影响力促进了商业运营，形成良性循环，如图5.3所示。

5.2　功能适应性设计的基本内容

关于工业遗产博物馆的功能，虽然已有共识，但不同的组织、国家或地区之间仍然存在文化和体制上的差异，造成功能方面理解上的不同认识。但总的看来，征集、保存、保护、研究、展示是博物馆功能中最基本的和被广泛认可的，也是博物馆开展工作的基础。

不同的学者对博物馆核心价值的判断不同，各种认识不一而足。在政治民主化、娱乐大众化的背景下，博物馆也在吸引公众参与到具体的建设中来，应该说这一过程是博物馆对学术和社会双赢共荣的尝试，博物馆也在社会服务体系中扮演更重要的角色。随着博物馆社会公共事务的增多，原有的功能体系也必将调整，涉及设计层面的功能组织、交通流线、空间形态等复杂完备的功能将被重新梳理整合。工业遗产博物馆被看成一个功能复合体，它自身的物理形态揭示出它的过去和现在，根据不同的发展条件、外界需求和价值评判呈现出多元化的功能适应性内容。

5.2.1 公共服务功能的拓展

传统工业遗产博物馆公共服务的局限性在于设计之初的场域限制，即社会公众只有先进入博物馆的馆舍内部才能享受到服务。换言之，博物馆空间是固定的、有限的、不易获取的，而且博物馆一般只对进入博物馆内的社会公众有服务的义务。

当代博物馆已经普遍重视附属产业的运作，在提供公益性服务以外，引入合理的消费性服务以维持博物馆的正常运转，博物馆服务功能的提升更利于其自身功能更新。纽约现代美术馆在2006年的商店销售业绩相当于两亿多元人民币，超过了其全年总收入的三分之一，而且这个业绩还击败了当地多个假日休闲点。在体验经济时代博物馆开展零售业，只要把控好博物馆的定位与品质，对博物馆自身形象并无损害。所以在工业遗产博物馆设计中，要对消费性服务区域予以重视，在发展定位和功能布局上，为功能拓展与规模扩充预留空间，满足消费空间的便利性与舒适性是服务功能拓展的重要环节。

在流线设置上，通常将商店设于出口必经处，留有充足的停留空间，观众参观结束后，自然随意地浏览商品，使商店成为展览的延续。在平面布局上，可以将商店、餐厅设立于首层沿街位置，面向社会开放，扩大消费群体，比如首钢工业遗产博物馆内的餐厅（图5.4）。博物馆商业空间设计的关键是预留足够的停留空间，便利可达的流线设计，

图5.4 首钢工业遗产博物馆内的餐厅

蕴含工业文化的展品和与工业风格相统一的设计风格。

5.2.2 城市文化体系的补充

博物馆与企业合作时具有附属功能属性，主要表现在两个方面：①作为工业文化品牌提高企业知名度；②为所在区域提供公共服务。企业文化推广是工业遗产博物馆最基本的功能模式，一方面，博物馆可借助工业文明的传播使工业企业在更大范围内进行宣传；另一方面，高品质的展览有助于企业建立良好的品牌形象。

工业遗产博物馆较之其他类型的博物馆具有更为鲜明的特征与功能设置，设计上凸显工业主题风格，注重提供带有工业标签的消费性服务。对于用地资源紧张的城市来说，为工业遗产用地附加商业功能，有利于提高文化传播效率，完善城市文化体系。工业遗产博物馆为城市保留了工业文明的领地，使城市居民感受制造业和技术美学所带来的非凡魅力，活跃经济并提升城市空间品质。

工业城市往往使人们联想到轰鸣的车间和污染的环境，这也是工业文化旧有的印象。如今科技进步已经带给制造业全面的改变，现代化的生产真正彰显工业文化的魅力。现代产品生产比以往任何时候都更注重文化符号的表达，工业遗产博物馆对公共媒体的号召力正是企业所追求的，而带有文化符号的产品也契合博物馆在创意方面的要求。工业遗产博物馆与企业的结合在为城市提供公共活动空间的同时填补了工业知识教育的空白。

5.2.3 文化创意产业的引领

最具活力的城市往往是其文化的独特性引导城市发展，创意产业能提升城市生命力，如北京798艺术区的建设，使城市工业废置地重新繁荣，还被美国《时代》周刊评为全球最有文化标志性的22个城市艺术中心之一，所以文化创意产业也是城市的重要标签之一。英国创意产业特别工作小组（UK Creative Industry Force Group）把"创意产业"界定为"源于个人创意、技巧及才华，通过知识产权的开发和运用，具有创造财富和就业潜力的行业"。

工业遗产空间较多地被改建为文化创意产业区，这种方式可以有效地修复城市碎片空间，整合城市空间环境。工业遗产博物馆作为大型工业遗产再利用，通过改造使其成为整个文化创意产业区的功能支撑，其文化创意产业园的功能可以借助博物馆的品牌效应、公益性和社会服务性进行定位。

创意园区的商业性质给博物馆提供了良好的文化土壤，也为博物馆带来更多的观众与使用者，二者叠加会大大丰富周边区域的业态，加强区域吸引力，实现良性发展。工业遗产博物馆的品牌影响力可以为初始的文化创意机构带来更多的社会关注。工业遗产博物馆对所在地区的文化环境的掌控有利于控制创意产业区的文化基调。文化创意产业与工业遗产博物馆具有共性，并相互扶持，共同构成城市文化网络。

5.2.4 相关配套产业的驱动

工业遗产博物馆对生产企业具有导向作用，对城市经济发展起推动作用。要注重提高工业遗产博物馆形象及学术的影响力，建立独特的工业文化圈，并结合创意产业区，构建工业城市文化网络，把工业文化的影响扩大到整个城市。

工业遗产博物馆作为地方工业文化的精髓，可以成为区域旅游观光的焦点。例如拥有深厚工业基础的格拉斯哥，就以工业遗产博物馆推动工业旅游。1983年正式对外开放的Burrell Collction美术馆成为苏格兰最富吸引力的工业文化旅游地之一，并以此为契机新建一系列文化场所，并组织多场文化活动，如表5.1所示。

表 5.1　英国格拉斯哥为促进城市旅游发展的文化活动及公共文化设施建设 ❶

年份	举办的主要文化活动	城市更新中主要的文化场所建设
1983	更好的格拉斯哥 (Glasgow's Miles Better)	伯勒尔珍藏馆、皇家音乐与戏剧学院
1988	国家园林节 (National Garden Festival)	克莱德河南岸60英亩（约24万平方米）原有码头被改造为园林
1990	欧洲文化城市节 (European Cities of Culture)	格拉斯哥皇家音乐厅（Glasgow Royal Concert Hall）的建设、麦克拉伦艺廊的建设，电车轨道（Tramway）和拱门（the Arches）被改造成新的表演和视觉艺术场所，以及一系列城市公园的建设（例如Garnethill公园的建设）
1996	格拉斯哥视觉艺术年 (Glasgow Year of Visual Arts)	当代美术馆 (Gallery of Modern Art)
1999	建筑与设计的英国城市 (UK City of Architecture and Design)	灯塔建筑中心 (Lighthouse Architecture Center)

工业遗产博物馆的建设注重保留原有工业特色，工业建筑的独特性也是其最富魅力的地方，突出工业特点的设计既是文化宣传的卖点，也是对原居民生活方式的体现。

---

❶ 转引自黄鹤. 文化规划-基于文化资源的城市整体发展策略. 北京：中国建筑工业出版社，2010: 58.

5.3 功能适应性设计的升级重组

5.3.1 功能整合

随着工业遗产博物馆社会需求的升级，其社会角色的多元化、系统化也带来了自身运营模式的变化。博物馆不再仅局限于物的收藏、维护和展示，而是强调与场所环境及城市发展之间的关系。博物馆在社会发展过程中，其功能定位发生了很大变化。

工业遗产博物馆从以藏品为中心转变为以观众为中心的运营模式。首先，强调如何使工业遗产在展示过程中发挥学术价值、教育功能和休闲体验等社会功能，实现环境育人的目的。其次，引入服务社会的功能，拓展休闲、娱乐、零售等方面的内容，调整自身的经营策略，实现增加收益的目标。再次，加强对外合作交流，积极寻求资源整合和交流的机会，通过多元化的手段获取政府和社会团体的捐助。最后，运用新技术手段，让工业遗产文化传递的过程更加丰富，观众的体验感更强，通过高科技完成互动性的体验，增加工业遗产自身的魅力。

工业遗产博物馆高质量的空间环境和密集的文化资源展示，能够很好地和商业运营结合来吸引观众，满足观众文化体验的内在要求，进而凸显工业遗产博物馆在消费领域的号召力，打造城市空间聚集经济效应。工业遗产博物馆举办的国际性交流活动，能够提升城市文化知名度，推动工业文明的传承与创新。

5.3.2 有机更新

工业遗产建筑的空间尺度是以生产活动为依据，一般遵守实用、高效的原则，无论建筑室内还是外部空间环境的尺度都与普通民用建筑有着巨大差别。在对工业区进行改造的过程中，实现空间再利用的重要环节是工业建筑向民用建筑尺度的转换。从规划层面来看，打破密闭性的边界，将工业遗产区域整体纳入城市整体环境中，消除工业区的封闭性和内向性，并通过完善基础设施如停车、设置交通站点等方式为工业遗产博物馆提供良好的交通可达性。从建筑层面来看，改造与新建的不同在于前者可以将空间塑造出一种介于新与旧的有机联系，增强建筑底层的通透性和轻巧性，以"嵌套"的方式将生产性建筑的内部空间"化整为零"，消除了大跨度空间的尺度失调问题。

在大型工业遗产保护区的改造项目中，多种功能的混合使用有助于降低单一发展模式的风险，也是维持更新后的工业遗产博物馆自身活力和实现可持续发展的有效方式。工业建筑良好的可塑性也为多样化的功能空间提供了改造的基础，将展览、商业、创意办公、休闲娱乐等功能融合成有机整体，构成一个功能完善的集约式社区。室外公共空间可用于与城市商业业态结合，打造集众创空间、文化产业于一体的综合型创意文化空间、艺术交互装置以及其他各类主题展览和分享沙龙等，通过大量活动的有效组织提升工业遗产博物馆的影响力。

工业遗产博物馆的有机更新是传承城市文脉记忆的一种形式。坚持主题性与综合性相结合、公益性与经营性相结合、文化与遗产相结合、保护与新建相结合、传统与时尚相结合、技术与艺术相结合、展示与体验相结合、国际与本土化相结合，存续工业文明遗传密码等各种关系的整合，从而实现工业遗产信息完整真实地呈现和场所公共社会服务高品质提升。

5.3.3　模式多变

工业遗产的传承与再生，不仅是对物质文化遗产与非物质文化遗产的保护传承，还包括赋予工业遗产新的生命力并使其与居民日常生活、公共服务与公共活动紧密关联。如何在工业遗产博物馆设计中实现将曾经孤立的工业遗产与公共生活结合，并催生持续的活力，是转型更新面临的命题。

工业建筑蕴含时代特征的工业特色以及独具魅力的社区人文气息，是工业时代的城市缩影。建筑可能涵盖从生产、办公到生活、服务等重要功能，可以尝试将社区公共服务与文化商业设施融入博物馆空间，以公共生活重塑工业遗产的人文魅力。

工业遗产除了与居民的公共生活结合，也将进一步与科技产业连接在一起。为科技人群提供智慧生活、智慧消费、智慧文化、智慧交通四大场景，以此产生与人群的交流互动，并激发更多创意。工业遗产建筑的改造策略也与产业需求高度匹配，既有适合不同级别企业的创意办公空间，也有为产业园区提供保障的产业服务空间。

以工业遗产博物馆为核心的城市设计，是以工业遗产为触媒，结合公共交通、公共服务、公共活动，激活遗产价值并重塑城市关系的实践，通过具体的设计，曾经的封闭工业遗产空间成为与城市空间融合、活力互通的开放单元，构建出具有持续生命力的共享城市图景。

5.4　功能适应性设计的意义

其一，有助于功能的整合。系统化功能定位立足于博物馆的自身发展与社会需求，无论是传统功能的延续，还是扩展功能的加入，都可以通过设计层面的把控对其进行整合，达到功能的实现。

其二，有助于完善社会化运营模式。合理运营是博物馆良性发展的基础，企业的支持不足以支撑博物馆的有序发展，只有采用良好的运营模式，并在系统化功能定位策略的设计配合下，寻求多层次的合作共赢，才能满足其发展需要。

其三，有助于工业遗产博物馆对未来的发展规划。系统化功能定位策略从工业城市更新的角度策划工业遗产博物馆的未来发展模式，对城市经济发展与工业文化的传播具有明确的引导作用。

其四，有助于工业企业的发展。企业为博物馆的研究提供基础，博物馆为企业发展提供助力，二者合作可以提升博物馆学术价值，增加企业的文化影响力，进而推动博物馆运营共同发展。

CHAPTER **6** ———————————————————— 第**6**章 ——

工业遗产博物馆空间
适用性设计研究

　　当代的工业遗产博物馆设计既迎合公众的行为，也使观众的参观目的不再局限于艺术欣赏、历史教育等方面。博物馆通过提供多层次空间，满足观众与展品的深层次互动，丰富体验个体的自身感受。随着博物馆的功能拓展，其空间构成也不断变化。本章从空间设计角度，探寻空间与多重体验行为相适应的设计方法。

　　当今的博物馆概念与过去相比发生了巨大变化，博物馆可以以多种形式存在，甚至以虚拟方式存在。工业遗产博物馆的形式更多地受制于工业原址的情况和所在城市空间的影响，也受社会的文化艺术理念和价值观的影响颇多。工业遗产博物馆室内设计更多的是对工业建筑遗产的改造，所以不必拘泥于过多的形态，很多时候更要力求保持遗产的本真状态。设计过程中要从整体的城市文脉、遗产现状、周边环境等入手，综合考虑工业文明历史、企业文化传承，还要兼顾观众的良好参与性。设计中考虑功能配合社会化运营模式，注重服务功能。改造工业遗产是为公众提供休闲娱乐场所，同时使观众获得有意义的体验，如此博物馆才能充分发挥当代的社会功能，良好地持续运营发展。

　　美国著名建筑设计师罗伯特·文丘里说过："设计不仅从内而外，而且要从外而内。"要综合考虑多种需要并统一解决各种问题，要求设计师开拓设计思路。工业遗产的建筑空间复杂多变，要用创新的空间观念巧妙整合，利用多样的空间形式以得到理想的空间效果。注重引进当代的艺术思维，运用当代的数字化信息技术等方式来展现工业博物馆的新面貌。艺术思潮一直与设计领域密切相关，工业遗产博物馆作为城市文化艺术的组成部分，与当代艺术媒体也保持着大量互动。信息时代的建筑往往会采用复杂的形态表现观念、彰显形象活力，受制于遗产空间的工业遗产博物馆在设计中要运用多种文化和视觉艺术处理的手法，将原本枯燥衰败的工业建筑空间重塑为注重参与性的展示空间。

6.1 空间适用性设计的影响要素

6.1.1 城市外部环境

建筑与城市环境要素的关系从来都是建筑设计理念的主导因素。城市的环境要素是指构成城市环境整体的各个基本物质部分：从城市的历史与文脉、地理与水文、气候与资源，到城市的肌理与地标、景观与绿化、尺度与密度、繁华与宁静、精神与物质，等等，都是与建筑关联甚密的城市外部环境。

工业遗产博物馆是工业城市的文化标签，博物馆设计与城市环境的关系有两种。①相融合。特别是在实施工业遗产整体性保护时，将城市的工业风格与博物馆设计风格统一，通过结构保留、材料与色彩的融合，达到博物馆建筑与环境的协调一致，如图6.1所示。②相隔离。当博物馆建筑周边条件与博物馆相互影响时，可以通过高墙的围合、绿化屏蔽等手段减少环境的负面因素，如图6.2所示。

图6.1　相融合（陶溪川）　　　　　　　图6.2　相隔离（中国工业博物馆）

在当代的语境之下，系统化不断拓展着博物馆的社会功能，同时也让人在博物馆中日趋占主导地位。在此基础上，当代工业遗产博物馆与城市环境要素的关系发展出第三种类型——积极主动地为城市以及城市中生活的人提供空间、功能和服务，这涉及博物馆以何种空间模式与城市进行嵌入。而这种嵌入不仅仅是解决进出问题，而是通过嵌入城市环境的各种要素，包括对人们的习惯、意识、行为等方面进行干预。

6.1.2 观众行为体验

在博物馆早期，观众怀着一种朝圣的心情，排着队走过整齐而冰冷的展柜，面无表情地默默参观，生怕因交谈而发出声音。二十世纪七八十年代的全球经济不景气成为全面扭转这种状态的契机。从那时候起，博物馆的学术建设及运营管理都比以往任何时候依赖于观众，从而反向作用于观众的行为上。

对于观众参观博物馆的动机，国外学者整理出六大因素，分别是：社会交往、从事有意义的活动、身处在一个舒适而无压力的环境、具有挑战性的新经验、学习、积极参加公共事务。观众在参展之外更是增加了诸如阅读、听讲座、会面、聚会、用餐、购买纪念品、公众活动等活动。除去获得知识，还包括满足娱乐、社交、体验等情绪和感官的需求，以及观众在空间中的行为出现交换、重叠等间歇性的变化特征等，都应该受到重视。综上所述，从"被动灌输"到"主动参与"到"融入其中"，观众在工业遗产博物馆中的行为变化是推动功能拓展以及空间发展的主要原因。

6.1.3 功能综合拓展

现代博物馆的定义是博物馆功能的体现，世界各国从博物馆的定义出发，制定出适合本国的博物馆基本功能。欧美比较通行的博物馆三大功能是：教育国民（Educate）、提供娱乐（Entertain）、充实人生（Enrich）。中国的博物馆三大功能是：收藏展示、学术研究、社会教育。

收藏展示功能是博物馆存在的主要原因，藏品的安全保存是博物馆的首要任务，但征集藏品的目的并非要把它封存在藏品库房中。事实上，工业遗产博物馆的收藏功能是与展示功能紧密结合的。

学术研究功能是博物馆发展的内在动力，也是推动社会文化发展的重要力量。学术研究工作不只是针对遗产本身的研究，还涉及博物馆学的内容，以及博物馆的策展、规划、运营等方面。

社会教育功能让博物馆成为一个面向社会大众的教育机构。工业遗产博物馆的社会教育通过实物展示、文献和图像资料以及具有交互功能的展项设置向公众传达各种工业知识、美学、科技的思想和实践成果，为公众在相关项目实践中的应用提供有效的指导，并以此成为科学和技术美学的灵感激发之地。

此外，社会经济技术因素和艺术价值观念都影响博物馆的建设发展，也成为功能拓展的因素之一。从"以物品为中心"到"以教育为中心"再到"以观众为中心"，内部功能和社会功能逐渐拓展并日趋复杂，只拥有传统的收藏展示、学术研究和社会教育功能的工业遗产博物馆已不足以满足观众以及自身发展的需要。功能拓展主要体现在以下两方面。

其一，社会教育功能、服务功能进一步呈现多元化和社会化趋势。

工业遗产博物馆的社会教育功能随着不断调整的教育方式，比以往有大幅提升。有计划组织的主题展览、讲座、讨论会，博物馆售卖的文创周边，如书刊、视听产品、纪念品，这些都使观众在潜移默化中接近与了解，最终享受工业文明、机器美学和科技的熏陶，以上都是工业遗产博物馆寓教于乐的教育形式。工业遗产博物馆提供的社会性服务与公共空间，也为公共文化交流活动提供了平台。

其二，休闲娱乐功能、消费性服务功能逐渐成为工业遗产博物馆功能模块中重要的组成部分。休闲娱乐功能和消费性服务功能不但是维持博物馆运转资金的关键来源，还是延伸工业遗产博物馆的公共教育功能和公益性服务功能的载体和工具。

正是工业遗产博物馆的传统功能以及拓展功能的共同作用，使其得以以传播工业文化为目的，唤醒群众的工业历史记忆，增加社会认同，促进区域经济互动，最终推动整个地区进入良性发展的循环。

6.1.4 空间渗透混合

传统的博物馆空间具有对称的平面设计和程式化的空间序列，展厅大多有明确的空间围合，展示区与公共区就是基于墙体的划分来区别的。到了二十世纪二三十年代，博物馆主体空间结构的基本形式已逐渐形成，常见的有串联式、放射式、走道式、大厅式等，而展示体系则普遍是按年代或主题划分的线性体系，空间结构呈现平面化、规律化的特征。"博物馆疲劳"的概念是由美国心理学和博物馆专家阿瑟·梅尔顿提出的。此后，博物馆从庄严神圣的设计风格转向追求空间逻辑和特征鲜明的外观。

发展至当代，博物馆的空间组成一般根据功能划分为：展示空间、公共空间、藏品保存及维护空间、研究空间、管理办公空间。展示空间提供展示内容和完成观展体验，是工业遗产博物馆的主体空间。一般包括常规展厅、特展厅、临时展厅、数字影厅等在内的细分，也有与藏品库房合并使用的情况。

公共空间服务于观众的观展行为，服务范围扩展到如学习、社交、活动、消费等方面，如图6.3所示。工业遗产博物馆的公共空间是复合功能空间，主要包括：购票咨询、交通、休息、休闲消费、公共活动等，可以划分为：①辅助的交通空间，承载空间过渡、集散人流等功能；②辅助的服务空间，满足消费性服务的需求。两种空间功能相互渗透、融合，没有明显的界限划分。

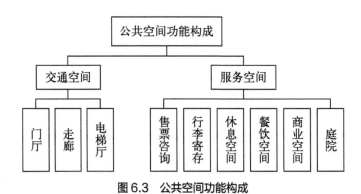

图6.3 公共空间功能构成

以往的博物馆空间是以功能划分的单一化空间，各种空间之间基本具有明确的功能区分，不同空间之间不会有功能上和空间上的交叉，观众在其中的行为具有固定、单一化的特征，观众大多根据设计好的路线，按照既定的轨迹行动，完成观展行为。如今博物馆空间的复合功能，辅以先进的展示技术和工艺材料，彻底颠覆了曾经的风格定位。工业建筑的空间尺度刚好适应当代的展示要求，很多特殊尺寸的工业遗产摆放在原有的工作空间中。所以，"展厅"的概念也正在为"展示空间"所代替。从狭义上理解，"展示空间"与工业遗产博物馆的其他区域（公共空间、服务空间、开放式库房、展品制作间等）互相渗透。从广义上理解，"展示空间"甚至与整个城市环境融为一体。工业遗产博物馆设计要为观众的一系列行为和活动提供系统的空间模式。

6.1.5　场所精神表达

场所精神是一个建筑现象学概念，由诺伯舒兹（Christian Norberg-Schulz）于1979年提出。诺伯舒兹将场所精神（genius loci）的起源上溯至古罗马时期，古罗马人将场所看作自然的和人为的元素形成的一个综合体，而精神则是每一种独立本体都具有的"守护神灵"。同时，诺伯舒兹受德国哲学家海德格尔影响，将海德格尔的存在现象学引入建筑领域。海德格尔认为"物集结世界"（A thing gathers world），人需要"诗意的栖居"，这成为诺伯舒兹场所精神理论的哲学源泉。

建筑现象学对建筑场所进行研究，分析人们赋予建筑的跨越物质的精神情感寄托。场所是具象的，而场所精神是抽象的，人运用物质搭建的建筑由于人们在其内部的活动，而形成特殊的意义构成场所精神。所以对场所精神的理解不能停留在物质层面，不能仅仅从建筑的选址、环境，或其内部的空间、功能、流线，抑或结构、形态等因素进行分析，而是要从建筑使用者的感受、体验、情感去挖掘与之对应的场景或场所。场所使其内部的活动更为便利，活动带给人们的精神意义被附加到场所里成为建筑的升华。

鞍钢在工业生产中凝聚的"鞍钢精神"已经超越了企业、地域，成为中国钢铁工业精神，成为一代人的精神象征。曾经和鞍钢人一起创造辉煌的工业设备、厂房，仍然是一代人的精神寄托，是场所精神的载体。将空间赋予场所精神，就会与其中发生的事件、行为等建立联系，空间就被赋予寄托精神情感的场所意义，不再局限于物质功能，而担负了精神功能。建筑要反映其精神功能，工业遗产博物馆的空间原本就是工业生产空间，是工业记忆的一部分，蕴含了工人阶级对于自身认同的精神意义，工业遗产博物馆空间更具场所精神。工业遗产博物馆不应该仅仅是空间构成的实用主义，场所精神的构建对工业遗产博物馆有重要意义，是空间与人类情感沟通的桥梁给人以归属感，同时也契合了对文化遗产进行文化性保护的要求。

"在曾经的产业衰败或者是衰退地区的经济转型过程中工业遗产能够发挥重要作用。

再利用的连续性对社区居民的心理稳定给予了某种暗示，特别是在当他们长期稳定的工作突然丧失的时候。"工业遗产是工业城市中人们的情感寄托，保护工业遗产可以有效稳定职工心理，保护职工情感，是场所精神的体现。

工业遗产博物馆建筑可以通过使用不同的场景，通过艺术感染力来表达场所精神，给观众带来深刻而复杂的感受。国外许多有影响力的博物馆都试图在观念上给观众以强烈的冲击。建筑设计师动用了所有建筑设计手法，虚拟真人游历过程。例如经常借鉴运用电影中的蒙太奇手法，使观众产生联想，从而达到身临其境的感受。

工业遗产博物馆设计中要注意挖掘其文化特色，文化也是工业遗产的精神价值之一，能够唤起人们的美好回忆。场所文化与空间形态紧密相关，充分利用场地文化，依据新的功能定位对其进行改造，创造出独特的空间。运用空间处理手段烘托场所精神，使原空间物质形态转化为文化形态，工业遗产博物馆空间曾经真实经历轰轰烈烈的工业生产，空间设计的场所化表达更容易引起人们心理的共鸣，满足高层次的精神需求。

工业遗产博物馆设计的重要目标之一是延续工业遗产的场所感。设计场景准确地表达工业场所精神，延续工业文化历史，尊重人们的情感记忆，强化环境的认同感和归属感，是场所根本的目的和意义。重构工业场所精神重点在于保护与再现工业建筑结构，彰显场所要素。

深入挖掘工业文化的内涵，充分理解工业遗产蕴含的工业精神，通过设计手法强化工业遗产特征，赋予工业遗产博物馆空间场所精神，满足观众的多层次体验需求，使观众感受到工业文明的伟大，使工业城市的居民找到情感寄托，真正做到工业遗产的文化性保护。

6.2　空间适用性设计的基本特征

面对工业遗产博物馆的功能拓展，如何使其空间的固有模式与新的发展因素进行融合，逐渐完成从单一化功能型空间向系统化体验型空间过渡，完成空间的开放性、社会性、复合性转变，形成系统化空间模式是核心问题。系统化空间模式对于观众在亲身参与过程中所感受独特经历的营造并不仅仅来自工业遗产博物馆自身的展示，而是通过建立一种集约共享、灵活可变的模式对工业遗产博物馆空间进行整体的统筹组织而实现的。

6.2.1　体验性特征

体验的概念最早出自经济领域，是由美国经济学家 B .约瑟夫·派恩（B. Joseph Pine）和詹姆斯·H. 吉尔摩（James H. Gilmore）提出的。体验经济从服务经济中分离出来，它是继产品经济、商品经济、服务经济后的第四个经济阶段。其最鲜明的特征是企业提供让客户身在其中并难以忘怀的体验。

观众的体验行为不局限于展示空间，会全面过渡到研究空间与服务空间。增加空间体验感的途径是多样的，如个性化的展示形式、现代化的教育手段、多样化的消费性服务等，都作用于丰富观众对于展览信息和工业文化的感知。

（1）通识体验

通识体验是观众在工业遗产博物馆中最为基本的体验，是指观众在博物馆摒弃掉以往"说教"方式和态度之后，感受沉浸式展示体验的通识教育。通识教育以挖掘工业文明内涵为目标，减少展示的限制，力求让观众感悟到工业文明的精髓，了解工业知识，拓展观众的文化视野。

信息时代对传统生活方式的颠覆、"逆工业化""后现代"都使人们想更多地了解工业时期的社会生活，进而催生了"后现代博物馆文化"，而传统企业恰好可以满足这一需求。旧设备、旧材料等作为雕塑景观利用，或把能代表旧厂风貌的建筑物改造为环境景观的一部分，使环境和建筑和谐统一。原状陈列的高炉、吊车、轨道、排风机、烟囱等工业设施和记录生产场景的历史照片都向人们传递着昔日生活的片段，如图6.4所示。

图6.4　机车与采矿设备的场景展示

复原工业机械设备损毁的部分，基本遵照原有形式，部分改动或添加，用与之呼应的形式和材料实现展示功能，使形态上协调统一。对工业遗产保护再利用包括完全保留、部分保留和构件保留。完全保留指将工业设施全部保留，包括工业建构筑物和设备设施及工厂的道路系统和功能分区，基本保证工艺流程的完整和设备原样，直接体现工业生产的操作流程。部分保留指经必要处理后，将具有典型意义的设施片段改造为标志性景观。构件保留是保留建筑、设施的部分结构，如墙、基础、框架等，从片段中体现工业生产的线索。

通过复原生产场景，使原有的工业生产设备具有足够的吸引力，能为人们提供新的工业文化体验，有利于人们充分了解工业文明。以具有观光和休闲功能的新的文化旅游方式，可有效地保护工业遗产，达到弘扬工业文化的目的。

(2) 休闲体验

休闲体验是观众在参观过程中，与休闲相关的行为带来的感受与体验，可以归纳为：①通过身体和精神的放松缓解观展疲劳；②在休闲活动中获得精神提升。当代博物馆设计注重打造休闲场所，高品位的餐饮空间、纪念品商店、剧院等都是满足人们休闲体验的场所。

博物馆的休闲娱乐功能与"以人文本"的设计理念使博物馆休闲体验空间的比重逐渐加大。休闲体验空间可以分为以下三种。第一种是休息、餐饮空间。此类空间应该具有开阔的视野、良好的景观，可以使观众缓解疲劳、放松心情，如上海当代艺术馆泳池风格的顶层休息空间，如图6.5所示。

图6.5 上海当代艺术馆休息空间

第二种是体验互动空间。提供可以使观众参与的设备设施，增加参观的趣味性、丰富观众的体验，同时为博物馆的运营带来经济效益。体验互动的方式对博物馆教育功能的发挥有积极作用，是寓教于乐的一种模式，观众可以通过亲自动手操作来感受工业生产的细节。与工业文化和工业生产相关的多媒体手段、全息影像、游戏模式等方式的加入，可以使体验更系统与全面。空间设计要综合考虑设施的尺度、容纳人数、参与方式等因素，从流线、面积等角度满足其功能需要。设计要考虑展品与当代受众需求结合，考虑观众的多层次体验需求，增加展品与观众的互动，比如由工业遗产改造的上海龙美术馆内就设置了多媒体展厅和观众互动区，如图6.6所示。工业遗产博物馆为工业遗产的保护与展示提供了空间，成为包容的整体，参与性、过程性、偶发性、多义性共同构成作品本身。

图 6.6　龙美术馆多媒体展厅和观众互动区

第三种是文创店模式。店面设计要符合工业遗产博物馆风格，商品符合与工业相关的主题，商业店铺可以满足观众购买纪念品的需求，同时为博物馆带来经济效益。

(3) 衍生体验

衍生体验是观众在参观过程中，非主要目的而获得的社交情感体验。衍生体验的发生依赖于博物馆提供周到细致的服务以及设施。比如场地是否充足、环境是否舒适、设施是否完善、公共区域洁净度的考量和观众是否随时能获得态度可亲的咨询和服务等，这些相关的延伸都是为观众提供衍生体验应该囊括的方面。工业遗产中的生产设备反映了当时的生产技术，通过研究生产工艺，进而了解生产原材料、生产过程、生产设备和工艺流程，以及生产过程中的环境质量等工艺流程，可以对当时的生产技术做出价值评定，促进再利用中保护策略的制定，如上海玻璃博物馆游客参与玻璃制作（图6.7）。这

图 6.7　上海玻璃博物馆玻璃生产体验区

种科学合理的利用模式可以使停产多年、肮脏混乱的工业区成为复兴工业文化的成功范例。由此可以看出，交互体验方式是对工业技术的生动体现，并赋予其唯一性和创意性的文化价值。

比如日本的工业遗产体量普遍较小，难以形成大的规模，为了增加影响力而设计了丰富的周边产品，并且致力于与民族传统文化相契合，利用细腻的工业产品赋予工业区以新的生命力。从精神层面引发市民的文化自豪感，将工业历史以一种鲜活的方式展现，使工业文化深入人心。

开发工业遗产周边产品是增加交互体验的有效方式，根据不同工业遗产主题开发与人民生活相关的新产品，在产品中体现工业文化，使工业文化的传承浸润在人们的实际生活中，搭建历史与现代的桥梁。

互动体验活动的吸引力来源于尖端科学技术，运用现代科技来丰富工业遗产的内容，保持其吸引力，辅以丰富的周边设计产品，使工业文化具体化、情景化，使工业遗产以符合时代需求的新面貌展现在公众面前，从而不断强化其场所精神。

6.2.2　开放性特征

工业遗产博物馆的开放性众所周知，与那些贵族化特征明显的传统博物馆不同，希望更多的观众能够真正地体验到工业文明带来的人类生活的改变，很多工业遗产博物馆通过免票开放吸引观众。从博物馆发展的角度讲，还需要从空间形态和空间布局方面深层次地挖掘来体现其开放性。

（1）扩展的公共空间

公共空间的包容性是开放性的前提，除去必备的交通、服务空间外，公共性也辐射到展示空间、研究空间，从而形成系统的公共空间概念。弱化室内空间界限，引入室外休闲空间等都是有效的丰富空间的方法。

吸纳室外空间不但直接加大了公共空间的开放性，也对增加展品数量与提升展示品质有很大的益处。利用环境展示工业魅力，吸引公众目光，通过对展示空间与公共空间的融合来控制整体空间格局，形成系统的空间设计方法。

（2）开放的研究空间

研究空间顾名思义是指对馆内藏品进行研究的空间，包括资料馆、档案馆、实验室等具体功能空间。传统意义的研究空间只面向研究人员和内部人员，但随着博物馆职能的变化，这些内部空间逐步向公众开放。

研究空间的公共化是系统化观展流线、公共活动流线以及研修流线的重要组成部分。传统研究空间同工作区一样与公共空间明确分隔，具有独立的流线设计，开放的研究空间可以在空间布局上具有更多选择，增强公共空间的学术性。

（3）社会化的休闲消费空间

休闲消费空间包括餐饮、纪念品商店、书店、媒体厅等休闲娱乐功能的消费场所，属于服务功能区间，空间比重随着人们生活方式的改变，已经脱离辅助空间范畴，成为公共空间的重要组成部分，它有以下几种组合方式。

①休闲消费空间与中庭、庭院等公共活动空间合二为一，促进整体气氛的活跃和共融。

②休闲消费空间分散设于各主要过渡空间。

③休闲消费空间邻近入口、门厅或者大厅，同时直接与城市街道、城市广场接壤，并设有独立的城市出入口，甚至把空间延伸至城市。

④休闲消费空间位于顶层，与城市风貌相关联。

6.2.3 融合性特征

现代博物馆设计已经将功能作为空间划分的依据的思想摒弃，系统化空间模式强调对观众行为的关注。人的行为具有不确定性，因此空间设置倾向于混合特征的呈现。在公共空间里容纳多种功能，或者在多空间之间弱化边界分隔。

过度强调单一功能打造的仪式化的空间，会带给观众紧张压抑感。相反，弱化空间边界会提供集参观、休息、交流等功能于一体的综合性空间。一方面，丰富空间形态、活跃空间氛围，有效避免"博物馆疲劳"，有利于对工业遗产的历史、艺术、文化价值的理解；另一方面，集约空间利于简化空间布局、节约用地面积以及资金的投入，尤其是大量的工业展品占据了一定空间的状态下，可提高空间的利用率。

工业遗产区域的空间大都呈现出很强的封闭性和私密性，并且区域空间的功能大多为单一交通空间，而不是供人活动的公共空间，不适于用作现代交流的开放空间。在塑造工业遗产博物馆公共空间过程中，要注重保护工业建筑原格局，保留工业特色，利用技术手段创造开放性空间。

针对工业遗产区域建筑密度大、空间拥挤的情况，可以进行合理梳理，增加空间利用率。从形态学的角度出发，通过理性而细致的手段来塑造城市中的"负空间"，创造工业特色的公共空间，突出空间品质，为工业遗产区域增添活力。为完善博物馆中心区开敞空间格局，形成良好的景观格局与开敞空间系统，需设置开敞空间的序列和节点景观，强化对人们活动的引导。广场作为公共活动的中心，加强其与周围开敞空间的有机联系，增加中心区的特色空间和配套设施，进而强化地域的识别性。

在博物馆设计中，设计师受从众心理的影响，会选择模仿流行的元素来组织建筑各要素以获得人们的认同。由于工业遗产的保护再利用涉及实用科学，设计师会受到种种影响的制约，空间形式必须将艺术目标与某些预先存在的、不可改变的形式相适应和协调。设计师先要根据工业遗产的基本特性、形式构造规律、对应的技术类型，对蕴含的文化价值等内容加以分析，然后选择与地域环境、历史文脉和人们的审美情趣相适应的事物作为模仿对象，将其特质或以符号的形式，或以抽象的理念展示在对工业文化的创新表现中。平衡多种元素来达到空间形式上的创新是一种方法，而不是预先把思想固定在某些原则和格式上，这种方法按照对人、建筑和环境的理解来组织空间，设计出能适应多种要求而又内在统一的建筑。

6.2.4 交互性特征

博物馆的空间普遍具有线性和平面化的特点，依据历史发展脉络布展，以墙面作为展品背景引导观众参观是基本形式。空间的交互性就是使空间从序列化向立体化转变。一方面，以声、光、电为代表的装置式展示为观众带来了除"观"以外的"听""触""闻""思"，甚至有可亲自操作、亲身参与等全方位的感知设备，越来越多的展品或者展示理念需要观众不再只是观赏到位于背景板之前的展品的正面，而是可以从四方八面，甚至从变化的角度观赏展品。另一方面，工业遗产的展览策划更为注重的是观众与展品的互动参与交流，人的身体、情感等全面体验比展品本身更重要。因此，工业遗产博物馆开始注重为观众提供多维的空间模式，以促进观众与人、空间、展品的对话，并通过更多的知觉来体验曾经的工业世界。

多元化观众体验的知觉和角度就是系统化空间模式的多维特征。可以说，系统空间的交互性避免了展览空间平面化的弊端，从对博物馆展品的认识与研究角度来说也是一种发展。

位于德国慕尼黑的宝马汽车博物馆（图6.8）利用多媒体投影产生折射变形，配合

图6.8 宝马汽车博物馆

音乐使整个空间变得虚幻起来。如果把此情此景抽象出来——人、汽车、映像、空间这个契合的场景成为无时无刻不在变换的过程、发生的情景和动态的创造。此设计不仅仅是为观众提供宝马产品的设计展示，而更多的是让观众体验宝马品牌全新的呈现和释义。

6.2.5 创新性特征

创新强调"创新"事物的产生，空间创新的价值是一种客观事实，通过空间本身的存在和变化表现出来。因此，空间观念的创新结果是否达成最终建筑整体空间的创新是关键所在。工业遗产在技术史上的先进性需要在设计上得以体现，设计师发散性思维的发挥、应用技术和表现形式的创新以及空间表现意义的拓展，构成了工业遗产博物馆空间本身的创新要素，当然是在继承的基础上创新，在创新的前提下继承。

创新要不断积累，创新的同时又在模仿传统，空间形式的发挥和技术的创新很大程度上靠模仿、替代、积累来实现。中国传统建筑美学强调将古代的文明融刻在每个细小的空间构成中，发挥它们隐含的功能与美学性能，并具有时代的风格。法国古典主义学者加特梅尔·德昆西曾说："模仿所获得的乐趣与仿造物之间的相差程度成正比。"

我国建筑学家关肇邺认为建筑创新"首先应该在符合一般建筑所应遵循的功能、经济的条件下，针对提出来的具体问题，以理想的及浪漫的方法加以解决。由于各个建筑的条件不同，解决问题的方法及其结果必然各异，从而表现为不同的形式而成为一种'创新'"。空间的表现形式一方面是功能需求的结果，在空间设计中，结构逻辑与形式艺术之间经常会出现对立的情况，在两者间寻求平衡点是空间形式表达的关键；另一方面是设计师审美情趣的体现，由于设计师对空间形式的理解受历史文化、社会环境的影响，同时也是对受众群体精神需求的考虑，因此空间美学形式的展现带有主观性和客观性，而达到创新的表现却主要依赖于设计师的创造。许多设计师会用隐喻的方式创造各种形象的建筑以唤起人们对工业遗产多层次的反应，这是设计师寻求新的空间表达方式的途径，但最终成败的关键还是在于功能和空间的创造能否协调统一。如龙美术馆用独特的"伞拱"结构营造不同的空间氛围，如图6.9所示。

我国建筑学家彭一刚指出创新"可能不在于首创，而在于移植和嫁接，即把当今世界上最先进的思想、观念，创造性地引进本国，并与当地的地理、气候、风土人情以及文化传统有机地融为一体，这样便创造出一种独特的新风格来"。工业遗产博物馆空间的创新在于一种新观念、新思想、新方法和新形式的创造，它是具有当代特色的既具"新"而又富"意"的集合。从模仿中创新的发展历史来看，这个过程隐含着人们在构筑空间

图 6.9   上海龙美术馆展厅

的过程中赋予空间的精神内容。空间的创新是在充分掌握前人已经取得的成果基础上，进行的有价值的活动，空间形式表现的意义可以从对历史与传统的模仿中获得。空间表现的意义要与当初开发它时所设计的功能、用途联系在一起，如果将工业遗产空间的建构形式从一种文脉背景移植到另一种文脉背景，就必须考虑这些关系，否则"空间意义"也将变得简单且苍白。

6.2.6   灵活性特征

按照博物馆学理论，随着当代博物馆的公共性和开放性的增强，增强了博物馆对公众的吸引力，很多运营机构都喜欢在博物馆举办各种庆典、表演、发布会、研讨会等活动。

博物馆空间使用的未知性促使空间表达更加多元化。特殊的工业遗产必须通过特殊的空间尺度、空间形态展示，而不同工业展品的具体条件也要求空间做出适应性的应答，很多工业遗产博物馆已经更多地关注到空间的弹性使用。基于对以上因素的考虑，模糊空间功能界定，充分利用大尺度空间的可塑性和空间的灵活性，力求让观众的体验感更佳。

大的空间尺度是空间灵活性的基础，因为空间大所以具有更好的适应性。试想一下，假如受到空间体积的限制，如何对真实尺度的飞机、汽车进行策划布展？

由工业遗产建筑改造的泰特现代美术馆长30m、宽10m、高13m的超尺度涡轮展厅是以大尺度满足不同功能的典范。该美术馆曾展示过许多著名的大尺度当代艺术作品，这些不同的装置艺术作品虽然各具特色，却都能与博物馆空间相协调。

在工业遗产博物馆所在的工业历史街区保护中，将工业生产区与生活区都纳入遗产保护范围。因为工业生产区与生活区往往联系紧密，其规模较大、环境复杂、遗产价值不统一等都是需要解决的问题。工业遗产博物馆改建工作可以留有余地地逐步推进，分区域展开的动态设计可以避免设计的局限性与片面性，避免给工业遗产保护留下遗憾。对于规模较大的工业区，甚至还有居民居住其中，改造完成还涉及管理与运营，这些多变的因素也需要设计以多变的动态发展状态与之相适应。

6.3 空间适用性设计的结构组织

在工业遗产博物馆的系统化设计策略中，系统化城市网络以及系统化功能定位，都是以宏观视角为基础的设计策略，是一种"由外而内"的设计思维模式；相对来说，系统化空间模式是对宏观策略的微观落实，它是一种"由内而外"的设计思考过程。特别是在对系统化空间进行结构组织时，这种"自内而外"的思维更是得到明显体现。首先建立基于工业遗产展示需求的主体空间，然后通过其空间体系组织空间的主干，接着以空间主干与城市空间结合，最终形成博物馆与城市的整体的公共活动体系。

6.3.1 确立主体空间

在"以物为中心"的年代，工业主题博物馆的建造是出于对藏品的保存和研究，而展示只是为小部分人如专家、学者提供的附属功能。然而当时代的巨轮滚动到今天，博物馆的所有工作，包括内部的藏品维护、学术研究、运营管理，以及与外界的合作交流等，都是围绕着为观众展示优秀的展览而展开的。例如日本名古屋的磁浮铁道馆，展厅内陈列了大量列车实物，就要求主展厅的空间体量足以容纳这些展品，如图6.10所示。工业遗产博物馆的空间结构要以主体空间形态为基础，而这个主体空间形态的建立依据是展示空间对主题的适用性。

图6.10　日本磁浮铁道馆

　　博物馆展示空间和展示主题在当代语境下被称为"容器"和"内容"，对于两者的关系也存在两种截然不同的理念。一种认为工业遗产博物馆建筑本身就是一件被展示的工业遗产，通过其自身独有的形态表达强烈感情。另外一种以极简主义为代表即博物馆是一个中性的容器，重要的是其中的内容（展示主题），建筑只是载体，以衬托展品为己任。其实，对于"容器"和"内容"之争，其根本是要解决空间结构适用性的问题。什么样的"内容"适合装进什么样的"容器"。因此，在打造"容器"之前，首先要根据"内容"考虑"容器"的造型、形态、材质、工艺等。也就是说，在对工业遗产博物馆的空间结构进行设计建构之前，应该对工业遗产的价值及特征有先行的了解和选择，比如该展示所需要的空间氛围、尺度、物理环境等，然后以此为依据进行展示空间形态的建构。只有展示空间与展示主题在系统中有机结合，观众和展品才能同时参与到整体场景中去，达到完美的艺术呈现。

6.3.2　塑造空间结构

　　公共空间为观众的观展行为以及因为观展行为而连带产生的如学习、社交、活动、消费等其他行为提供服务，故公共空间也被称为服务空间。公共空间的特征不仅是对多种功能的承载，还在于公共空间更易于创造丰富的层次变化。展示空间与公共空间在系统化的框架下通过一定的组织原则和组织形式相互作用最终形成主体空间。

　　主体空间结构的组织需要遵循以下原则。①结合工业遗产博物馆所在遗产空间和城市内外部环境要素，如地域气候、城市文脉、基地条件等实际因素进行公共空间骨架形式的选择。②以观众的各种行为作为主体空间结构的组织依据。观众行为的多样化，除了观展行为以外，由于其他因消费、社交、活动等产生的系列衍生行为同样会对主体空间结构产生影响。③结合功能拓展的空间需求形成公共空间体系，如休闲消费空间、学术研究空间中的研修空间，以及工业遗产博物馆与外界各种组织的合作交流所需要的弹性预留空间，均应该在主体空间结构的组织过程中与公共空间体系结合。工业遗产博物馆的空间结构主要呈现以下形式：中心式共享空间结构、环绕式廊道空间结构、并置式引带空间结构、混合式互动空间结构。

6.3.3　关联城市空间

系统化设计策略使工业遗产博物馆的公共空间体系成为联系城市空间的媒介，正是在这个媒介的作用之下，实现工业遗产内部空间与城市外部空间的交融，进而提升城市空间品质。

设置形态合理、标识清晰的出入口，结合城市广场满足人流集散需求，将首层功能与城市结合，限定合理比例的首层区域接纳城市人流。为城市提供公共空间进行公共活动能够帮助工业遗产潜移默化地被世人了解，除了参观、听讲座，或者用餐、喝咖啡，公众在博物馆的活动还可以是散步、看书、聊天等一切有可能进行的日常生活行为。通过建筑体量、空间的过渡或者景观的布局形成具有层次与变化的柔性界面。环境心理学和行为学认为建筑的柔性界面有利于人群的聚集进而发生各种活动。工业遗产建筑的界面大多受到生产属性的要求与城市之间的关系并不友好，柔性边界是空间开放性的关键，对工业遗产博物馆界面进行柔化是使博物馆空间与城市空间结合的重要措施，其中柔化的方式多种多样，应该在设计过程中根据实际情况应对。

6.4　空间适用性设计的意义

工业遗产博物馆的空间适用性设计研究的目的是适应系统化设计趋势下的博物馆功能以及观众体验的拓展。空间适用性设计研究有利于工业遗产博物馆空间问题的解决和优化，将工业遗产博物馆放在城市系统中考虑，有利于从宏观和微观两个维度解决工业遗产博物馆内外部空间的系统性问题。

第一，有助于多种体验的交互共融。步入"体验经济时代"，从购买有形的消费品转向花钱买感觉，观众希望在体验中得到精神和知识的提升，是多种体验的同时满足。适用性空间模式致力于把多种体验如通识体验、休闲体验、遁世体验、衍生体验加以巧妙地共融，为观众带来舒适感、满足感和独特的观展体验。

第二，有助于强化博物馆空间对于未来发展的适应性。系统化设计趋势让当代的工业遗产博物馆与城市在空间和社会服务方面的结合度大幅提高，让运营以及展示在理念和实践上发生了变化，由此带来了内部功能以及社会功能的拓展。从国内外工业遗产保护再利用的成功案例可知，工业遗产的整体性保护要求工业遗产博物馆的空间必须告别功能单一、固定、传统，呼唤一种适用与可变。

第三，有助于提高空间的利用率。强调空间的利用率是由于功能拓展让越来越多的社会公共活动进驻博物馆，客观条件的限制导致问题产生。空间适用性策略可以在有限的条件下提高空间的利用率，同时还兼顾解决在此过程中可能出现的种种实际问题，比如服务空间和配套设施的完善程度、各种流线相互干扰的可能性、商业操作对自身文化气质的影响等。

第四，有助于空间形式的内在逻辑建立。工业遗产博物馆作为老工业区的文化象征，过分追求视觉冲击力或者空间的独特性容易导致以功能迁就形式的现象的出现。有的工业建筑本身充满震撼力，却被证明不利于展品的观赏，或者被诟病为对工业遗产的误读。"空间适用"实际上是在充分把握空间设计相关要素的基础上，建立的一种空间设计的内在逻辑，避免产生无用空间。

第 7 章

工业遗产博物馆环境
协调性设计研究

7.1 工业遗产博物馆与环境保护

7.1.1 环境保护的概念与发展

环境是相对于某一事物来说的,是指围绕着某一事物(通常称其为主体)并对该事物会产生某些影响的所有外界事物(通常称其为客体),即环境是指相对并相关于某项中心事物的周围事物。通常按环境的属性,将环境分为自然环境、人工环境和社会环境。自然环境是指未经过人的加工改造而天然存在的环境,又可分为大气环境、水环境、土壤环境、地质环境和生物环境等。人工环境是指在自然环境的基础上经过人的加工改造所形成的环境,或人为创造的环境。社会环境是指由人与人之间的各种社会关系所形成的环境,包括政治制度、经济体制、文化传统、邻里关系等。

19世纪60年代,欧洲众多国家在城市化进程中,通过大规模拆旧建新来适应城市发展,也因此破坏了城市历史环境,后期保护城市整体风貌与历史街区逐渐被人们重视。法国曾经提出"历史建筑周边环境"概念与"建筑、城市和景观遗产保护区"概念,都是从环境保护的角度限定遗产保护活动。《威尼斯宪章》第一条提到:"历史古迹的概念不仅包含单个建筑物,而且包括能从中找出一种独特的文明、一种有意义的发展或一个历史事件见证的城市或乡村环境。"

《西安宣言——保护历史建筑、古遗址和历史地区的环境》强调了文化遗产环境保护的重要性。文化遗产保护从个体保护向整体保护过渡,从注重物质环境到重视周边环境,甚至扩大到文化背景,离开了环境的工业遗产保护是不完整的,要将工业遗产放到大环境下,从宏观的角度来考虑保护的问题才是对历史负责。

7.1.2 工业遗产博物馆周边环境的基本构成

工业遗产周边环境可分为自然环境、城市环境、社会环境。工业遗产博物馆的建设要充分考虑到这三个方面的环境因素，更好地发挥工业遗产博物馆的功能，如图7.1所示。

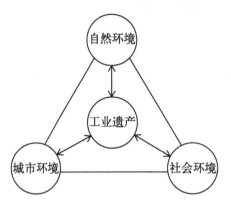

图 7.1　工业遗产周边环境构成示意

首先，自然环境是针对遗产周围的地理环境而言的。工业项目的选址要依据矿产资源的分布，所以工业遗产往往伴随枯竭的矿山与污染的环境而存在，这种情况就是工业遗产博物馆建设的不利因素，博物馆对自然环境的要求正与之相悖，如何扭转这一不利的因素就成为工业遗产博物馆建设首先要面对的问题。

其次，城市环境是指伴随工业生产而生的工业城市。这些城市依靠工业而产生、发展或衰退。城市带着浓浓的工业烙印，有其独特的性格特点。工业是城市的灵魂，城市彰显工业的活力，相互依存不可分割，所以在工业遗产博物馆的设计中不能割裂与城市的联系。

最后，社会环境是指社会结构、价值构成、生活方式等。例如鞍钢博物馆的环境设计就突出工业元素，既就地取材展示工业之美，又呼应城市特征、塑造城市性格，如图7.2所示。随着社会不断发展，人们对精神文化的需求更具时代特征。工业遗产博物馆的设计要满足当代社会人们对精神文化的需求，才能更好地完成工业遗产的保护再利用与工业文化的传播，继而带来社会环境的全面提升。

图 7.2　鞍钢博物馆环境设计

7.1.3 建设工业遗产博物馆对环境保护的意义

大多数工业城市在建设之初，就是以工业生产为中心的，工业建筑基本处于城市中心区位条件好的位置，导致在工业遗产的改建过程中不但要考虑建筑内部更要考虑其周边环境。只有保护工业遗产周边环境，进行环境协调性设计，促使其顺应城市发展的多样性，成为城市公共空间的一部分，才能完成工业遗产的保护再利用。

要真实完整地保护工业遗产，就需要为工业遗产划出相应的保护范围，为遗产保护留出缓冲地带，将工业遗产与环境整体保护，使工业遗产博物馆不是孤立的存在，更有利于深入解读工业文化和改善城市整体环境。实施系统性、整体性保护，才能更好地协调设计与环境的关系。

7.2 环境协调性设计的建构原则

7.2.1 与自然环境的协调

（1）生态修复

工业遗产的周边环境是工业衰退后遗留下来的荒凉废弃的场景，通过多种技术手段可以进行生态环境的修复，运用设计手段将景观与生态同博物馆相融合，在改善环境的同时提升区域土地的经济价值。

人类的工业活动一方面带给社会巨大的进步，另一方面也给生态环境带来了很大压力。工业遗产博物馆设计的首要任务就是对场地污染情况进行评估，对环境予以修复。工业遗产博物馆生态设计应该遵循以下几点：科学利用植被等自然条件改善生态环境；旧工业建筑材料的重复利用；能源收集再利用，如雨水收集系统等。将工厂建筑改建为工业遗产博物馆，将厂区改建为工业景观是设计的目标，如墨西哥蒙特雷钢铁博物馆的设计，室外空间运用了大量遗产区域内回收的钢材，凸显了厚重的工业氛围。再如美国的高线公园，如图7.3所示，其前身是废弃的铁路食品运输线，在闹市中利用自然植被修复工业用地，构筑标志性城市景观，成为推动城市经济的空中花园，是工业遗产保护再利用的一个成功案例。高线公园将城市和自然融为一体，将工业生产中最常见的铁轨转变为公共绿地，这种转变既保护了高线铁轨，又创造了独特的线性公园，使得周边地产开发大获成功，创造了新的就业岗位。高线公园的植物设计选择本地物种，在铁轨间隙的土壤里播种，丰富了地区物种数量的同时使市民广泛参与公园的运营，减少后期维护费用，并且成为活的植物教科书用于市民分享种植经验和对儿童进行自然教育。

图 7.3　美国纽约高线公园

（2）可持续设计

可持续设计是一种构建及开发可持续解决方案的策略设计活动，均衡考虑经济、环境、道德和社会问题，以设计引导和满足消费需求，并维持需求的持续满足。可持续设计可以涵盖环境与资源领域，同时也可以向社会与文化领域延伸。

在与自然环境相适宜的设计中可以通过对遗留的机械设备和零件进行艺术化加工处理，将其转变为景观雕塑放置于自然环境中，以此来实现可持续设计。在景观设计中建立雨水收集系统，如蒙特雷钢铁博物馆周边景观的设计中，在地下修建蓄积雨水的水箱，将场地的雨水利用雨水收集渠引流到地下水箱中，经过生物处理供旱季进行园林灌溉，打造生态遗产展示景观。

工业遗产博物馆的建设一定程度上避免了工业遗产的废弃和拆除，降低了能源消耗，节约了资金，同时保护了工业遗产的文化价值与历史价值，是生态可持续设计所提倡的。工业遗产博物馆的建设可以修复污染的土地和水源，在生态修复的层面起重要作用，在设计中将新的文化理念运用于旧的工业设备上，还可以使其得以保留并展现机械工业之美。工业遗产博物馆的建设有利于节约能源与保护环境，有助于提升城市形象推动城市复兴，是一个长期的、不断发展与完善的过程。工业遗产博物馆设计可以根据社会反馈，在处理手段与方式上不断更新而达到可持续设计的目的。

7.2.2　与城市环境的共生

工业遗产博物馆建设既要保护工业、技术、建筑遗产，又要发掘和放大它们的潜在价值；既保护城市中老工业用地的历史风貌，又使它不会阻碍老工业区的复合化发展，使之充满生机。在与城市环境相适宜的过程中尝试打破博物馆的边界，把工业遗产博物馆的文化气息辐射到周边区域，扩大它的文化功效。

（1）融入城市肌理

城市肌理是指城市的特征，即与其他城市的差异，包括形态、地质、功能等方面。

具体而言，包含城市形态、质感色彩、路网形态、街区尺度、建筑尺度、组合方式等方面。从宏观尺度上讲，它是建筑的平面形态；从微观尺度上讲，它是空间环境场所。城市肌理的演化受到自然、经济、政策三方面的共同影响。城市肌理的特点在于它是特定的环境与历史时期造就的，与城市发展相适应，具有独特性，是城市风格的体现。

工业城市肌理呈现其独特的工业文脉，但是往往因为传统工业的衰败，城市风貌受到很大的破坏。建筑作为个体元素也影响着城市的发展，处理好工业遗产博物馆建筑与周边环境的关系，使工业遗产博物馆作为工业城市的精神象征唤起人们美好的回忆。

（2）更新城市生态

工业遗产保护再利用在城市化进程中使城市发展与历史遗存能够和谐共存。在保护过程中解决城市发展与工业遗产的矛盾，为重塑工业风格和传承工业文化起着积极作用。工业遗产博物馆室内展示空间提供市民教育与交流的场所；室外景观设计除必要的道路铺装需要外，以景观绿化为主。设计要注重与城市风格统一，创造市民休闲娱乐场所。其作用不仅保护了工业遗产，普及了文化教育，也提升了城市品位，保护了城市生态，同时获得社会效益与生态效益。如德国埃姆舍公园国际建筑展中的北极星公园（Nordstern Park）曾经是德国西部最重要的煤矿，1993年改建为集旅游、生活、办公于一体的综合性公园。设计保留了煤矿原有面貌，进行大量的空间功能置换以满足生活工作需要。新建筑采用与原建筑一致的简约风格，还设立了游乐中心供休闲娱乐。设计师采用多种措施恢复厂区生态，搭建露天舞台，举办公共活动，使工业遗产区重获活力，如图7.4所示。北极星公园以独具特色的工业景观和成熟的工业园区带动了废弃煤矿遗址区的更新，以此推动城市生态更新。

图7.4　北极星公园

7.2.3　与社会环境的融合

（1）满足多层次体验

在体验经济时代，人们追求与众不同的感受，人们渴望参与、体验过程并因此获得美的难忘的回忆。作为美、艺术、文化、知识等感官、情绪、思维体验的输出者，博物馆更应该重视观众的感觉，也就是观众的体验。工业遗产博物馆也要满足大众的多层次体验的需求。正如世界著名未来学家阿尔文·托夫勒在《未来的冲击》一书中所提到的，当物质生活逐渐富裕，精神上的抚慰便成为新的刚需。体验环境的营造是体验经济保持生命力的关键，为体验者打造诸如刺激、兴奋等极端感觉的环境，需要现代技术与多学科支持。体验就是个体参与其中并能留下独特记忆的行为，体验虽然是无形的，但是它留下的感受却是真实的。

工业遗产博物馆所展示的是特定历史时期内丰富而生动的工业生产，但现在静态的展示已经不足以深刻打动观众，要让展示内容鲜活起来，创造满足体验需求的展示环境。可以将体验分为娱乐的、教育的、逃避现实的、审美的四部分，它们相互融合成为不同的个人感受，如图7.5所示。

图 7.5 体验分类示意

笔者认为体验对人的自我实现、情感关怀、人际交流至关重要，娱乐体验是被动参与，教育体验是主动参与接受并互动，逃避现实的体验是主动投入不同的环境中，审美体验潜移默化地沉浸于某一场所中的感知。不同的体验连带不同的经济效果，而通过有组织的体验可以引导消费者消费，并获得丰富的感受，从而给商品带来附加值。

研究体验首先要厘清的是参观目的、行为、结果，提出"相互作用的体验模式"。①个人条件。每一个个体的独特性导致其个性的参观目的和体验选择。②社会条件。社会条件影响人的一切社会活动。③环境条件。博物馆所营造的环境包括空间和展品，观众会受到环境的影响导致不同的参观感受。④相互作用的体验模式。以上条件相互作用促成了观众的博物馆体验，每一个独立个体的体验都不相同，博物馆体验是通过参观个体来感知的，参观个体因为其独特性导致体验的多样性。

工业遗产博物馆要满足观众的多样化体验需求。工业建筑的外观、工业景观的效果、流线组织、空间尺度、功能设置、展示方式、互动程度等都与体验结果密切相关。工业遗产博物馆设计要综合多方面要素，创造符合工业文化遗产保护再利用要求的，具有时代与地方工业特点的，满足文化传播与休闲娱乐需求的博物馆。设计要使观众在愉悦与舒适的氛围里完成参观的过程，要满足观众的多层次体验要求，在传承工业文明的同时使观众获得文化上的自豪感与认同感。

(2) 弘扬工业文化

文化是城市的特色，是城市发展的推动力。工业文化是现代社会发展的推动力，是现代文明的基础。工业文化的传承与交流不能是独立存在、刻意打造的，需要与历史文化、社会文化等有机结合。工业遗产见证了科技的发展与转换，使技术转变为生产力，促进工业化生产；见证了工业活动对人们的生产生活方式的改变进而重构社会关系、社会结构，并最终影响人们的世界观；见证了科技与政治、经济、文化、社会制度、战争等方面的关系及其相互作用、相互影响。因此，工业遗产在科技哲学、科学社会学、科技管理学尤其是企业管理、工业管理等方面具有重要的教育功能和价值。工业遗产博物馆是工业文化的交流平台，促进人们对工业文化的理解，增强人们对工业遗产保护再利用的认识，使大众能够广泛参与到工业遗产保护再利用工作中。

(3) 实现经济效益，维持博物馆运营

工业文化与工业旅游融合可以使工业遗产博物馆成为具有城市特色的旅游场所。工业遗产博物馆在吸引游客参观的同时，增加游客体验项目、服务项目、纪念品售卖等，既作为手段有效丰富了游客的体验，也为博物馆带来了经济效益。博物馆的发展离不开经济支持，博物馆获得的经济收益可以缓解政府和企业的财政压力，实现工业遗产博物馆运营的良性发展。

7.3 环境协调性设计策略

7.3.1 风貌的整体性

人类文明的更迭，文化是关键，而城市是文化的载体。我国著名建筑学家、城乡规划学家和教育家吴良镛指出："一个城市是千百万人生活和工作的有机载体，构成城市本身组织的城市细胞总是经常不断地代谢的。"城市发展有其自身规律，在有机更新的基础上探索城市的发展方向，使博物馆建筑的工业特征与之相融合。在通过体量、比例、材料、色调等对环境表示敬意或谦逊的同时，又要以一种独特的方式表达对相融的理解。遵循这一理念，在博物馆的设计中，要均衡考虑工业遗产保护再利用与城市发展。在城市层级的工业遗产保护再利用定位方面，统筹协调工业遗产博物馆与城市发展的关系，强化工业文明的特征；在历史街区层级，强调工业景观的延续性，达到整体性保护的目的。

工业遗产博物馆是建筑学与设计学、生态学、美学、博物馆学有机结合的结果，在作品中体现生态思想，独创艺术语言，使"生态"概念得以具体表现。在设计中为生态与工业寻找交叉点，如坐落在黄浦江畔的上海龙美术馆利用原来工业场地地形或空间结构，运用简单化形式语言和创作语言表达抽象性特征，实现艺术、生态和文化的有机统一，如图7.6所示。

图7.6　上海龙美术馆外观

7.3.2　与历史对话兼具时代精神

　　在工业遗产博物馆的设计中要充分掌握工业遗产的现状与时代背景，面向历史，同历史对话，完整呈现工业生产的状况。工业遗产博物馆更要具有时代精神，满足当今社会大众需求，履行多重博物馆功能。设计要以环境为基础，运用当代技术与材料，注重工业精神的形式表达，满足观众多层次体验的需求，构建有时代特征的博物馆。

　　工业遗产博物馆是连接历史、当代、未来的桥梁，是工业文明与现代社会沟通的平台，设计要坚持与历史对话并兼具时代精神，才能达到延续工业文化并提升城市形象的目的。

第8章

工业遗产博物馆技术适宜性设计研究

8.1 技术与工业遗产博物馆设计

工业遗产保护再利用需要得到更多技术的配合，甚至可以在结构、设备、材料等技术的更新中得到设计灵感。材料的选择和特殊视觉处理可以展现常规材料的特别之处，表现历史的沧桑感。信息化技术的应用会给空间带来抽象的时代感，同时数字化技术的应用和信息符号虚拟化技术的应用都给展示设计提供了新的创作手法。总之，用开拓的设计思路贯穿设计始终，才能给历史厚重的工业文明创造一个全新的展示舞台。

8.1.1 适宜性技术

技术是为某一目的共同协作组成的各种工具和规则体系。技术具有以下特性：①技术是有目的性的；②技术是通过广泛的协作完成的；③技术的首要表现形式为生产工具、设备；④技术的另一表现形式为规则，即生产使用的工艺、方法、制度等知识；⑤技术是成套的知识体系。技术也是人类为了满足社会需要而依靠自然规律和自然界的物资或信息来创造、控制、应用和改造人工自然系统的手段或方法。技术为设计提供保障，选择适应性技术能够为工业遗产博物馆设计打开新的领域。

针对工业遗产不同的状态，应对技术手段也是大相径庭的，主要有功能更新、新旧结合、技术保护。

（1）功能更新

对工业建筑、工业厂房等内部空间的功能更新，目的是运用技术手段使之适应新的博物馆功能，从而延续其使用功能。

如德国鲁尔区的水塔博物馆，在设计中尽量保留了完整的外观，改建后用以展示有关供水的内容，完美地使旧有工业空间转换为现代博物馆空间，如图8.1所示。

图 8.1　水塔博物馆外观

（2）新旧结合

当工业遗产既有空间不足以满足新空间使用功能时，新旧叠加的方法既能保证新空间的使用，又可以尽量保留旧空间的完整性，并营造新旧碰撞的特殊风格。重庆工业博物馆原址为钢铁厂的博物馆，加入轻钢框架，既保留了工业的历史气息又融入了现代感（图 8.2）。

图 8.2　重庆工业博物馆内部空间

（3）技术保护

保留工业建筑的原有结构是工业遗产博物馆建设的重要环节，如果结构的稳定性有一定程度的破坏或损毁，处理的方法可以采用依旧翻新，或运用现代建造技术适当改建。如泰特现代美术馆就在旧结构上增加了采光构件，轻巧的玻璃结构既解决了采光不足的问题，还与原厚重的工业建筑对比形成视觉冲击，如图 8.3 所示。

总之，适宜性技术即为所选择的技术适应客观条件，满足使用需要，可以取得良好的结果，同时具有可行性、经济性与综合性方面的考虑。

图 8.3　泰特现代美术馆外观

8.1.2　技术范围

　　工业遗产博物馆设计的技术范围主要分为三个方面：建筑技术、展示技术、生态技术。建筑技术的合理利用有利于完整保护工业建筑，为工业遗产博物馆提供有效的物质空间；展示技术的合理利用有利于工业遗产的展示，促进工业文明的发扬与交流；生态技术的合理运用可以有效弥补工业建筑所在区域由于先前的工业生产造成的生态失衡与环境破坏，实现土地的可持续利用。

　　例如鞍钢博物馆在建筑改造中，保留了原厂房的结构，因地制宜采用大量钢材对其进行改造，改善物理性能又节约能源，使旧厂房适用于展厅，如图8.4所示。展示手法上也借助多媒体技术，营造虚拟场景，给观众更真实直观的多维体验，如图8.5所示。生态技术方面采取慎重措施封闭或掩埋、转移污染源，并采用净化涂层或乙烯材料密封含有甲醛的材料，用生物杀灭剂或密封材料来处理，用密封剂来阻止石棉纤维的挥发量。

图 8.4　鞍钢博物馆室内空间

图 8.5　鞍钢博物馆展示空间

8.2　建筑技术

从"工业遗产"到"工业遗产博物馆"，是功能与身份上的双重转换与升级，遗产观念的转变是工业遗产实现"博物馆化"的前提，而这种观念的转变，既有对以往科技革命的尊重，又有对当代材料与建造技术的时代呈现。

8.2.1　建造技术

工业遗产博物馆建筑是以构筑和保护功能为存在前提的，社会的发展和人们的不断诠释使其功能表达越来越紧密地与技术、形式联系在一起。现代建筑提倡运用新材料和新技术来促进建筑的发展，传统技术则受到冷落和排斥，毕竟自18世纪下半叶工业革命以来，技术进步是促成建筑飞速发展的一个根本原因。比如在数字化设计的应用中，不同功能以"新技术""新形式"表达出来，具有了现代意义，而"新形式"也在其技术和艺术的交流中，展示出更加成熟的表现力。

建造技术对工业遗产博物馆的建筑形式与空间观念产生直接影响。工业遗产博物馆建筑中结构的信息化处理是最常见的创作方法。古代建筑外立面上利用雕塑、绘画等传达信息，当代建筑设计师有机会利用现代信息技术手段丰富建筑外立面，使建筑外立面成为信息的载体。如此不仅可以成为一种艺术表达方式，而且可以实现建筑外立面的一些物理功能，如遮阳、隔热和遮挡。受媒体时代的影响，博物馆建筑外立面经常使用将信息符号与建筑外立面相融合或虚拟化处理传统信息符号的方式来进行创作。

随着数字技术的发展，建筑外立面的艺术表现正朝着信息符号的虚拟化方向发展。虚拟是通过模拟图像、声音等产生伪像，不同于摄像机、录像机简单的记录功能，是利用数字化再现图像和声音。在建筑外立面植入数字信息网、电流或数字化显示屏以提供全新的视觉体验，可以采用镜面反射、图形投影等技术手段将信息投影到建筑外立面上，以此强化时代的媒体特征。人们利用计算机这种更加有效的设计工具，在当代数字化技术的支持下，摆脱了许多以前的具体限制和束缚。

如重庆工业博物馆建筑外立面使用金属冲孔板折板幕帘。幕帘与原建筑结构融为一体，新老材质的对比丰富了空间层次。金属冲孔板折板幕帘质感轻巧、光影丰富，带给观众时光交错的历史厚重感，如图8.6所示。在工业遗产博物馆建造中选用适应性技术对建筑外立面与结构进行处理，可以确保保护的效果，并赋予建筑以鲜明的时代特征，使建筑焕发新的生命。

图 8.6　重庆工业博物馆外立面

8.2.2　材料技术

工业遗产博物馆大多使用原有的建筑材料作为支撑或维护结构。随着建筑技术的不断创新，通用化的建筑材料经过多样化表达和加工技术处理，呈现不一样的特点。更加前卫的是当代数字化媒介通过新材料的运用，可以从根本上改变建筑和空间的关系。可以选择组织各种复杂的材料，通过嫁接、重叠，就可以在使用中自我改变。新媒介的介入使建筑不再对空间进行事先定义，它可以表达和创造新的形式，开放所有的可能性，虽然这并不意味着将其从传统的建筑限制中完全解放出来，但功能和形式将不再是决定性因素。对于博物馆建筑来说，这种丰富性的提高有利于增加其作为信息载体的容量，使参观过程容纳视觉、听觉、触觉等多方位感知，从而使观众接收大量的信息。

日本的卡诺艺术博物馆如图8.7所示。与常见的建筑形式不同，设计师试图在这里为独特的展品创造出一种独特的展示环境，建筑的美感来自材料的组合，一种特殊的浮雕钢板给予了建筑内外部截然不同却又彼此呼应的肌理。钢板上纵横交错的长椭圆形凸起起到了加固的作用，将背部焊接，它作为一张微观的网状结构有效地连接了三层复合金属板，大大增加了构件强度。在建筑的内部，三角形的面板被倾斜布置，用来帮助固定周围的墙体，而四周的墙体则被用来支撑夹层楼板和屋顶面板。建筑中部包围卫生间、储藏室和楼梯的墙体也同时起到了结构支撑作用。设计师通过在建筑的外立面上切割出一系列不规则的洞口进一步将其方形的体量加以变形，此举不仅为展厅带来了采光和自然景色，同时也为内部空间带来了别具一格的动态性。

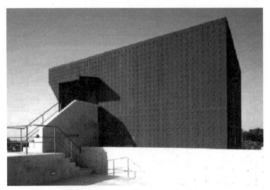

图 8.7　卡诺艺术博物馆外观

材料属性在工业遗产博物馆的环境空间设计中占有十分重要的地位。环境设计过程中，应充分考虑工业遗迹的地域、功能、历史等因素，让工业遗产环境能够传递丰富的信息。设计中应遵循材料组织结构原理，综合考虑博物馆的各种物理因素进行整体规划，应用材料的特性为建筑环境所传达的意义服务，同时尽可能采用具有地域特征的材料符号。如上海玻璃博物馆在改建扩建过程中，既保留了原始建筑的外立面，也大量采用了玻璃材料，暗喻主题并强化其工业特点，如图8.8所示。

图 8.8　上海玻璃博物馆

工业遗产博物馆设计中原则上适用原有建筑材料或当地建筑材料，采用新的材料处理技术可以为设计带来新的设计概念、新的空间形式，从而为博物馆增加新的文化价值。材料技术的发展带来了一种对于新世界的现代性体验，首先是简洁，简洁是现代设计的必备要素，而信息社会的各种技术手段能够保证其从功能到形式上的简洁。其次是对材料的多种加工技术应用，对材料的尊重和感知使环境空间更具仪式感和基底效果，保证展览空间的完整性。

8.3 展示技术

任何设计语言都难以超越技术的范畴，合理的技术表达十分重要。在信息时代的环境下，使用陈旧的传统展陈方式和受限制的体验显然是不符合逻辑的。人机交互、虚拟现实、三维全景等科技手段的应用能够形成一个更为立体的合成系统，以便带给观众更多沉浸式的互动体验。无论是出于怎样的考虑，新技术的应用既调整了展览空间与观众之间的距离，又满足了全方位延展博物馆与藏品内涵的需求。

8.3.1 新媒体展示与互动

美国著名传播学学者亨利·詹金斯（Henry Jenkins）认为跨平台讲故事就是"跨媒体"，他还认为"一个跨媒体的故事横跨多种媒体平台展现出来，其中每一个新文本都对整个故事做出了独特而有价值的贡献。跨媒体叙事最理想的形式，就是每一种媒体出色地各司其职，各尽其责。"同样，跨媒体专家罗伯特·普拉腾（Robert Pratten）认为我们之所以要通过不同的媒体讲故事，是"因为没有一个单一媒体能满足我们的好奇心或生活方式"。

工业遗产博物馆的展示技术中，以多种媒体平台为基础的跨媒体叙事为观众提供了不同的入口，并提供了各种各样的、可用于对比的视角，最关键的是它提供了娱乐的机会。在这项技术中，叙事通过延续、体验和参与的方式营造一种动人的讲述，并且成果丰硕，叙事应该忽略线上与线下、观众与制造者，甚至是真实与虚构之间的边界。

"大不列颠"号蒸汽轮船博物馆位于英国的布利斯托尔，是对跨媒体博物馆概念一个有趣的展示，如图8.9所示。它的展示特点就是在工业遗产语境中界定超媒体故事陈述。

"大不列颠"号蒸汽轮船自从1970年从马尔维纳斯群岛回来后就停泊在布里斯托尔的一个干船坞中。它作为一艘改变世界的轮船，从2005年开始对公众开放。博物馆总共有8个区域，其中包括商店、咖啡馆和布鲁内尔大学研究所。博物馆设置了观众参与驾驶轮船的互动游戏，观众可以通过操作指南转动轮船的涡轮。博物馆还提供视听影片，

图8.9　"大不列颠"号蒸汽轮船博物馆

增强观众的体验感。观众可以沉入"水下",沿着干船坞行走,感受逼真的沉浸式体验,隔着透明的有机玻璃,海水在头上流动,阳光通过海水折射进来。观众甚至还可以嗅到当时的味道,目睹航海的艰难。博物馆网站上的宣传页包括二维码、重要提示、评论,还可以分享到社交媒体,还有一张通过漫画绘制的在码头上展开的地图。

博物馆中多媒体的应用可以让观众感受到不同体验,以线上线下切换的方式激发观众的热情。在网络空间,"大不列颠"号蒸汽轮船博物馆有个动态更新的网页,网页与社交媒体无缝连接,会定时发帖,并且通过社交媒体与观众对话。网站上包括一般的参观信息、联系方式和机构介绍,还有纪念品商店的链接。网站被设计成布鲁内尔时代布里斯托尔的报纸的风格,背景是一系列档案的图片。

可见,工业遗产博物馆展陈技术的信息化发展,依托于物联网、大数据、手持及可穿戴设备的相关领域成果,在经济、技术条件允许的情况下,通过这些技术的使用提供给公众检索、下载和使用各类藏品数字化资源的机会。观众可以在前期就对展览空间和展品有较为清晰的认知,并懂得如何借用技术的优势与展品相处。

在当代媒体的支持下,在看到工业遗产博物馆的物理建筑形态之前,参观就已经开始了。这是一个即使没有打算参观的人都会有的心理空间,以前人们可以通过街市和公众信息了解建筑的形象、遗产的特征,而如今传统意义上博物馆观众的增多则是运用大众化媒体的结果,展览信息通过多种渠道传播,并且报道是持之以恒的。

多媒体互动技术的表达形式日趋多样化,从各方面影响着博物馆设计。无论是复杂的现代化展示技术还是原始的陈列,其根本目的都是真实全面地展示工业遗产,并以解决展览的单调性和片面性为目标,尽量满足社会大众多层次的体验需求。新媒体展示技术的应用可以使抽象复杂的工业生产更直观、全面地呈现,互动技术是为了增强观众与藏品之间的交互,是为了尽可能地表明展品背后的内容,如图8.10所示。数字化信息技术能够帮助我们成功组织复杂的系统并合理利用,并且进行适时地调整保证其产生恰当的审美,与时尚文化相契合。

图 8.10　新技术在博物馆中的应用

8.3.2　数字化信息技术

数字化信息技术的应用改变了传统的参观形式，通过大都会艺术博物馆数字馆长卢瓦克·塔隆（Loic Tallon）在2013年度博物馆与数字化调查中所做的分析，就能明显地意识到移动技术的普及。塔隆指出，博物馆正以一种定制化方式进入移动时代，千篇一律的做法已经一去不复返。这种方式与博物馆展区内传统的线性音频导览形式形成了鲜明对比，传统的导览形式是按说明文字和展墙文本来进行程式化编排，而不是根据文本内容来进行延伸及扩展。音频导览在21世纪的当下来看似乎平淡无奇，这一仅在展区内使用的技术，"发明"于1952年的荷兰阿姆斯特丹市立博物馆，当时是为服务外国游客参观"维米尔：是真是假"临展提供导览。这一可移动设备使观众以无线形式与闭合电路相连来听取内容。这种模式在地域上受到无线电网络覆盖区域的限制，但这两种模式的理念在本质上却是一致的：在展项前增强观众的体验感。如今的语音导览，从表面上看在导览方式和方向上都已发生了改变：从单纯的语音导览到多媒体体验，从展区内特定地点与相关扩展内容相结合到以展品为起点开放式地引入工业遗产的背景材料，从固定的叙述流程——多数就像博物馆内固定的展区空间一样到以用户为主的自由选择，从考虑作为权威的"自上而下"博物馆模式中的指导性内容到从观众评论、反馈及其他对展品的"点赞"或"分享"中，甚至是他们自己与展品的合影中征集到的用户生成内容。

如果没有诸如个人数字助理设备及智能手机这些使观众能够使用自己的设备与藏品进行互动的移动电子产品，那所有这些论述博物馆空间内技术使用的步骤都无从谈起，这些设备既为观众提供了选择，又使他们能自主参观。自主策划参观即一种允许个人与藏品互动并将自身体验融入其中的自发型行为，为多角度了解藏品提供了途径。通过在线或在博物馆现场参观可以形成这种自主参观能力，也是对自主学习成长的记录。

在数字化信息技术的参与下产生了拥有强烈的时代气息的工业遗产博物馆形式，有的是在传统博物馆建筑的物质空间基础上带有数字化形态特征的工业遗产博物馆设计，有的是将物质空间和新媒体相结合的空间设计，这些案例的共同表现是不仅在形式上区别于传统的博物馆建筑，并且在新媒介和新材料的运用上，以及新的空间形态生成方式上，都是具有强烈时代先锋性特征的博物馆形式。当代数字化信息技术支持下的工业遗产博物馆建筑加强了人们对世界的感知，成为认知世界的"框架"或"过滤器"，"博物馆建筑像切口或磁铁那样使周围环境变得活跃"。数字化信息技术为建筑设计和环境设计打开了新的领域、增加了新的体验，也带来了新的形式、观念和创作方法，如图8.11所示。

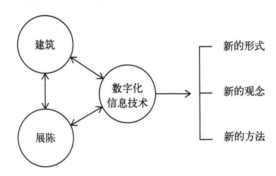

图 8.11　数字化信息技术对博物馆设计的影响

　　数字化信息技术对工业遗产博物馆从建筑到展示方面都起到了重要作用，建筑空间中不可避免地存在由新技术支撑的"虚拟"状态，并增加了工业遗产博物馆建筑的未完成性。在博物馆的数字媒体设计中，数字技术在整体空间概念中呈现出一种由孔洞与缝隙打造的不确定松散结构。这种松散结构提供了虚拟的语境，同时带来多样化的空间叙事可能。信息传播方式的改变也影响博物馆的设计概念，新技术的应用和转化增加了形式语言的复杂性。信息技术与工业遗产博物馆以对话的形式相互依存，并通过形式语言向外部世界传递。如开滦国家矿山公园采用新技术展示与产品相关的科技内容，如图8.12所示。技术的可视性可以理解为可感知但并不真实，可以进行想象但又要保持其缄默的姿态。它又不太像对话，而更像是对于过往的主题性冥想，是一场关于历史的独白。技术的思想性特征不管如何改变、调整，历史文化遗产总是会以更清晰、更持久、更符合历史的感知方式表达。这种历史感不再是简单的事实，而是新技术影响下的表达情感的对象，它们可以保留在记忆中，也可以变得更具启发性、更有说服力。新技术打破了原有的形式与逻辑，新的意义随之产生，新意义的叠加使历史感更为突出，操作还原的过程也更具特色，同时也是对历史致敬的过程。工业遗产博物馆应该随着时间的推移而改变，遗产空间和展品的可替代性和可互换性因新技术的进化而成为可能，应该鼓励有条件下的技术参与。传统意义上工业遗产博物馆所具备的功能——收藏、保存、解读、展示、传播等随着技术的介入也需要重新定位，收藏和展示的关系变得既相互对立又相互包容，这种关系也存在于人类和技术之间。

图8.12　开滦国家矿山公园互动装置

8.3.3　虚拟现实技术

　　虚拟现实技术是博物馆的潜在增长点，为工业遗产博物馆开创了新的领域。虚拟现实技术作为一种先进的计算机技术，同时也是实现人机交互的闭环系统。人是系统虚拟环境中的使用者，通过人的视觉、听觉以及动作对虚拟环境实现不同的指示，而虚拟环境和虚拟对象则会根据人的指示完成相应的动作。机器部分是对指示进行执行的部分，通过在计算机系统中输入和输出信息，能够实现对数字信息的收集和处理。在数字博物馆的建设过程中，虚拟现实技术的应用，能够为数字博物馆建设提供必要的技术手段。同时，利用虚拟现实技术可以实现工业遗产博物馆的数字建模，一种方法是利用三维扫描技术，生成遗产的三维模型，但是这种技术对数字扫描技术有着较高的要求，而且成本相对较高。另一种方法是直接进行数字模型的制作，只要设计师具备较强的三维空间造型技术，便能够实现较好的效果。从当前数字博物馆的建设来看，大部分是将两种方法结合使用，能够达到理想的效果。

　　虚拟现实技术既可以营造展示环境又可以再现展品，不受时间、空间的限制，给观众带来丰富、动态、系统的展示信息。虚拟现实技术的加持使工业遗产博物馆的展示内容获得了巨大的增值，同时带来了爆炸性的信息媒体和加倍的社会责任。博物馆承担着大量的城市责任，其功能正变得越来越复杂。如何使空间更灵活以适应各种展览，使展品可以与他们所处的环境互动，并让观众做出选择而非仅仅是给予，这成为现在的工业遗产博物馆建筑设计中值得研究的问题。在一些工业遗产博物馆的尝试中，参观和展览都不再是固定的程序。展览设计和建筑设计被平等对待，博物馆建筑试图建立各种与工业遗产共生共存的可能性。这些建筑不再是建筑设计师的个性化设计，同时也会是文物工作者、科学家、画家、陈列设计师、灯光师等人共同协作的结果。观众的感知和经验，其实都是经由精确的、集合各种电子科技，从空间设计到图像及软件程序制作，以及由计算机操控的整个虚空间建构而成，虚拟世界不再是一个静态和不变的空间，而是逐渐成为一个如具有生命的，且能不断变化推演的互动空间。

在虚拟现实技术引入博物馆空间以后，无须像过去一样顾及服务功能的需要，展览空间被赋予前所未有的想象力。在新媒介和新材料的作用下，以几何学中的一维空间作为绝对的参照系，可以从根本上改变建筑和空间的关系。例如2007年10月杨惠姗的琉璃影像装置艺术展，琉璃艺术家将艺术创作的对象与灵感构想扩展到了一个多元复合并且具有强烈时代感的表现领域，如图8.13所示。1000㎡的展出空间动用了总数超过90台的科技影像设备。DLP（数字光处理）投影机、视频播放盒、LCD（液晶显示器），布满了所有的展区。展区中直径77.4cm的无色透明琉璃作品《澄明之悟》，在9台DLP投影机投射出的多重画面、色彩、声音等影像材料中，呈现出不同的欣赏语境，引导观众进入特定的情景。另一个展区，取材于敦煌莫高窟第三窟元代的《千手千眼观音》壁画占据了整个墙面。随着观众抬头仰视，整个壁画真实地在眼前逐渐断裂、剥落，直到完全消失，想象着600年的风沙慢慢吹散在面前的真实景象，强烈的感染力令人想用手去亲自触摸空白的墙体。展会中最大的一个展览装置是无数迎面扑来的历史名人头像，全场以黑白老照片的影像风格透露出怀旧情结，展厅中适时安放着透明色的琉璃制品，与投影机所营造出的黑白怀旧情结交相辉映，强烈的层次及透明琉璃的通透感打造强烈的视觉效果。

图8.13　上海琉璃艺术博物馆琉璃影像装置艺术展

应该注意的是虚拟现实技术的应用应该在符合功能要求的同时考虑其象征意义，也要适度迎合使用者的喜好，它必然是激进的，并不断向新的意义提出挑战。注重多媒体互动技术的最新发展，并及时地引入设计中是设计的目标之一。

8.3.4 照明技术

工业遗产博物馆的照明设计要综合考虑各方面的需求。从遗产保护的角度，要防止瞬间强光或长时间照射对工业遗产产生的不利影响；从工业遗产展示的角度，要从照度、色温、投光方向等多方面考虑，灵活、生动地展示文物；从观众的角度，需要舒适安全的光环境，避免眩光、过强的明暗对比引起的不适。

（1）自然采光

工业建筑的自然采光是光环境的重要部分，工业厂房一般面积和进深都较大，为了满足室内采光的要求往往不止开有侧窗，还会采取顶部采光来弥补自然光线的不足。自然采光不仅可以节约电能，还有利于丰富室内空间，提升环境质量，给人以温暖、舒适的心理感受。在工业遗产博物馆的设计中，首先对现有建筑室内光环境进行评估，结合改造方案，依据专业技术手法的处理，满足工业遗产博物馆室内空间采光要求。

博物馆空间自然光线的引入大致可以分为直射光、反射光、漫射光。直射光的光线具有较大能量和较强穿透力，会造成强烈的阴影对比效果；反射光的效果会受到反射界面材质的影响，被照亮的界面成为室内的光源；漫射光由于其光线均匀、柔和的特点，比较多地运用到博物馆室内照明中，如表8.1所示。

表8.1 自然采光分析

光源类型	研究案例	空间效果	照明特点
直射光	卢浮宫博物馆		将充足的阳光引入室内，形成强烈的阴影效果
反射光	鹿野苑石刻博物馆		引入自然光照亮墙面，光线由墙面反射到室内，营造庄严神圣的气氛
漫射光	金贝尔博物馆		引入的自然光经过遮挡，形成柔和均匀的光照效果

（2）人工照明

人工照明比自然采光更容易从光线质量、照度等方面进行控制，也更容易从工业遗产的特点考虑光源的分布。人工光源的照射角度、光照距离、光源强度，更有利于保护与展示工业遗产。人工光源的设置要充分考虑被照物体的光敏感程度，在设计过程中还要避免产生眩光。

根据照明对象，照明形式可分为墙面展品照明、立体展品照明、展柜照明。墙面展品照明或称洗墙照明，要使墙面布光柔和舒适；立体展品照明是运用一定的光线条件产生立体感；展柜照明适用于小件重点工业遗产的照明展示。有相当比例的工业遗产体积比较大，点光源照射在展品上要注意照射角度、光斑大小、位置，必要时进行补光，补光时需要注意底部点光源的防眩处理。

（3）复合照明

在工业遗产博物馆的照明设计中采用自然采光与人工照明相结合的方式，可以集合两种照明方式的优点，创造出理想的光环境。自然采光安全舒适，人工照明稳定灵活，二者相得益彰。为了获得更好的光环境效果，要充分利用工业建筑侧窗或天窗的特殊照明形式，再结合适度的人工照明满足室内空间的照明需要。

工业遗产博物馆的照明设计与环境色彩和展示方式密切相关，照明效果对人的心理感受也有一定影响，多种条件相互影响与制约。照明设计需要综合考虑多方面的需要，找到系统性解决问题的途径。

8.4 生态技术

工业生产活动对环境的负面影响是持续存在的，在工业用地更新中首先考虑的是生态评估与修复。工业生产往往会污染土壤、水体等周边环境，需要依据评估结果做出不同的应对。

8.4.1 场地自然修复

一旦工业生产停止，自然的生态修复便开始运行，尽管过程缓慢，但是却具有比人工干预更强的生命力。美国纽约的高线公园就是废弃的高架铁路，随着时间的流逝，上面长满各种植物。这些从高架铁路废弃后开始自由生长的植物，用20年的时间形成稳定的生态系统，如图8.14所示。高线公园景观工程的建设保留了原有植被，在此基础上丰富了物种与数量。保留的野生植物生命力与耐受力更强，减少了后期维护工作的压力。高线公园的建成吸引了大量市民与游人，改善了生态环境并带动了区域的旅游与经济增长。

图 8.14　美国纽约高线公园环境景观

8.4.2　土壤水体修复

工业遗产博物馆室外环境中的土壤绝大部分因工业生产而存在污染或贫瘠的问题。对于确实存在严重污染或危险性污染的土壤，必须采用物理和化学方法治理污染，使土壤能够达到安全的使用标准，必要时需将污染土壤外运，置换干净的新土。对于土壤中的建筑垃圾及其他不利于植物生长的垃圾、废弃物也应进行清理。对于轻度污染的土壤，可以运用生物技术进行修复；对于有机类污染物，可在土壤中加入微生物，利用微生物群落降解有机污染物；对于重金属类污染物，可通过种植一定品种的乡土植物，利用植物的固定、挥发、吸收作用来吸收、降解土壤中的重金属污染。

被工业生产污染的水体，如检测确实存在污染物，应有针对性地进行专项治理，使其达到安全的使用标准。水体的修复可采用生物治理技术，利用微生物、植物等生物的生命活动，对水中污染物进行转移、转化及降解，从而使水体得到净化，创造适宜多种生物生息繁衍的环境，重建并恢复水生生态系统。

8.5　工业遗产博物馆技术适宜性设计策略

8.5.1　选择适宜性技术，带动设计创新

无论工业遗产博物馆的设计还是实施，都离不开可靠的技术保障。运用技术手段可以最大限度地体现工业遗产的原真性，良性技术支持可以更为完整地展示工业遗产。工业建筑的更新需要技术处理来保证其安全性与可行性，工业设备与构筑物的修复与展示也同样需要技术来实施，技术的发展与提高为工业遗产博物馆设计提供了多种得以实现的手段。

随着技术的发展，它带给人们的不仅是技术支撑，还有由此带来设计上的创新。这种创新体现在设计与保护再利用的各个层面。技术的适应性为工业遗产博物馆带来了新的建筑形式、室内空间和新的展示手段，可以避免工业遗产的人为损坏，延缓其自然破坏过程，通过运用多层次、多学科的综合性技术创造出能够高水平保护工业文物、高质量展示工业文化的工业遗产博物馆。

在适宜性技术设计策略方面加强新媒体、虚拟现实技术和数字化技术在工业遗产博物馆设计中的应用，创造出更多具有时代特征的博物馆建筑、更丰富的展示互动方式，有助于工业遗产博物馆传承与发扬工业文化。

8.5.2 可持续设计

工业遗产中通常留存工业生产的废渣废料，废旧材料如果能够再利用，可以显著减少建设成本，节约环境资源。对于工业构件、半成品等，可将其进行艺术加工作为艺术雕塑，废弃的建筑材料可以重新用于工业景观工程中。可持续设计倡导清洁能源的使用，条件允许的地区提倡利用太阳能或风能，比如采用太阳能灯具提供户外景观照明。

参考文献

[1] 单霁翔. "从文物保护" 走向 "文化遗产保护" [M]. 天津：天津大学出版社，2008.

[2] 阿尔文·托夫勒. 未来的冲击 [M]. 孟广均，等，译. 北京：新华出版社，1996.

[3] 罗杰斯克鲁顿. 建筑美学[M]. 刘先觉，译. 北京：中国建筑工业出版社，2003.

[4] 欧文·拉兹洛. 系统哲学引论[M]. 钱兆华，等，译. 北京：商务印书馆，1998.

[5] 简召全. 工业设计方法学[M]. 北京：北京理工大学出版社，2011.

[6] 布莱恩·劳森. 空间的语言[M]. 杨青娟，等，译. 北京：中国建筑工业出版社，2003.

[7] 高奇. 系统科学概论[M]. 济南：山东大学出版社，2001.

[8] 笛卡尔. 谈谈方法[M]. 王太庆，译. 北京：商务印书馆，2000.

[9] J. 约狄克. 建筑设计方法论[M]. 冯继中，杨公侠，译. 武汉：华中工学院出版社，1983.

[10] 王宏钧. 中国博物馆学基础[M]. 上海：上海古籍出版社，2001.

[11] B. 约瑟夫·派恩，詹姆斯，H. 吉尔摩. 体验经济[M]. 夏业良，译. 北京：机械工业出版社，2008.

[12] 段勇. 当代美国博物馆[M]. 北京：科学出版社，2003.

[13] 贝塔朗菲. 一般系统论[M]. 林康义，魏宏森，等，译. 北京：清华大学出版社，1987.

[14] 卢升高. 环境生态学[M]. 杭州：浙江大学出版社，2010.

[15] 魏宏森，曾国屏. 系统论[M]. 北京：清华大学出版社，1995.

[16] 弗瑞德·A. 斯迪特. 生态设计——建造、景观、室内、区域可持续设计与规划[M]. 汪芳，等，译. 北京：中国建筑工业出版社，2008.

[17] 马令勇，姜静. 工业遗产保护与再利用研究文献综述[J]. 山西建筑，2017 (43)：241-243.

[18] 王雪霏. 当代西方城市标志性景观审美表意研究[D]. 哈尔滨：哈尔滨工业大学，2015.

[19] 文爱平，崔健，刘阳青，等. 凝聚社会智慧共言名城保护——北京历史文化名城保护论坛＆访谈(续)[J]. 北京规划建设，2011 (4)：68-95.

[20] 裴胜兴. 基于遗址保护理念的遗址博物馆建筑整体性设计研究[D]. 广州：华南理工大学，2015.

[21] 孟庆金. 现代博物馆功能演变研究[D]. 大连：大连理工大学，2011.

[22] 王雷，赵少军. 浅谈工业遗产的保护与再利用——以中国工业博物馆为例[J]. 中国博物馆，2013 (8)：89-93.

[23] 单霁翔. 从 "功能城市" 走向 "文化城市" [M]. 天津：天津大学出版社，2007.

[24] 吕建昌. 从绿野村庄到洛厄尔:美国的工业博物馆与工业遗产保护[J]. 东南文化，2014 (2)：117-122.

[25] 李论，刘刊. 德国鲁尔区工业遗产的"博物馆式更新"策略研究[J]. 西部人居环境学刊，2017 (32)：91-95.

[26] 陈琼. 近代工业遗产的保护性再利用模式[J]. 建筑与文化，2011 (10)：102-104.

[27] 崔恺. 遗址博物馆设计浅谈[J]. 建筑学报，2009 (5)：45-47.

[28] 霍艳虹. 基于 "文化基因" 视角的京杭大运河水文化遗产保护研究[D]. 天津：天津大学，2017.

[29] 郑奕. 博物馆教育活动研究[D]. 上海：复旦大学，2012.

[30] 刘迪，于明霞.论工业遗产的博物馆化保护[J].博物馆研究，2009(4):7-12.

[31] 万丰登.基于共生理念的城市历史建筑再生研究[D].广州：华南理工大学，2017.

[32] 彭飞.我国工业遗产再利用现状及发展研究[D].天津：天津大学，2015.

[33] 王芳，彭蕾.浅论工业遗产保护和利用的博物馆模式——从唐山启新水泥工业博物馆的前世今生谈起[J].中国博物馆，2019（2）：23-28.

[34] 张倩.历史文化遗产资源周边建筑环境的保护与规划设计研究[D].西安：西安建筑科技大学，2011.

[35] 仲丹丹.我国工业遗产保护再利用与文化产业结合发展之动因研究[D].天津：天津大学，2016.

[36] 道格拉斯·戴维斯，魏庆泓.增加、改造、修正——不断成长的博物馆[J].世界建筑，2001(7):17-23.

[37] 森文.基于文化生态观的设计系统与设计实践研究[D].长沙：湖南大学，2017.

[38] 谢冠一.基于空间整体性的室内设计方法研究[D].广州：华南理工大学，2019.

[39] 光辉.我国建筑业可持续发展系统评价与仿真研究[D].南京：南京林业大学，2014.

[40] 张振辉.从概念到建成:建筑设计思维的连贯性研究[D].广州：华南理工大学，2017.

[41] 杨芬，丁杨.亨利·列斐伏尔的空间生产思想探究[J].西南民族大学学报(人文社科版)，2016(37)：183-187.

[42] S. E. 拉斯姆森.建筑体验[M].刘亚芬，译.北京：知识产权出版社，2003.

[43] 张景礴.基于"目标系统"的浙江中小城市公共空间更新分析方法研究[D].杭州：浙江大学，2014.

[44] 鲍玮.产业类历史建筑的保护与社区化改造[D].长沙：湖南大学，2006.

[45] 郁火星.图像、象征与阐释——西方艺术研究方法剖析[J].南京艺术学院学报(美术与设计)，2015（5）：14-21.

[46] 陈翔，朱培栋.临场体验和功能复合——信息化背景下的当代博物馆设计的两种倾向[J].建筑学报，2009（7）：74-77.

[47] 刘伯英，李匡.工业遗产的构成与价值评价方法[J].建筑创作，2006（9）：12-17.

[48] 寇怀云.工业遗产的核心价值及其保护思路研究[J].东南文化，2010（5）：24-29.

[49] 许东风.重庆工业遗产保护利用与城市振兴[D].重庆：重庆大学，2012.

[50] 胡建新，张杰，张冰冰.传统手工业城市文化复兴策略和技术实践——景德镇"陶溪川"工业遗产展示区博物馆、美术馆保护与更新设计[J].建筑学报，2018（5）：20-27.

[51] 霍步刚.国外文化产业发展比较研究[D].大连：东北财经大学，2009.

[52] 李静波.内外之中间领域作为建筑界面的形式操作[D].重庆：重庆大学，2015.

[53] 何小欣.当代博物馆的复合化设计策略研究[D].广州：华南理工大学，2011.

[54] 邵晨.浅谈博物馆设计中的复合化空间[D].沈阳：鲁迅美术学院，2015.

[55] 周婧景.博物馆儿童教育研究[D].上海：复旦大学，2013.

[56] 夏洁秋.文化政策与公共文化服务建构——以博物馆为例[J].同济大学学报(社会科学版)，2013（1）：62-67.

[57] 杨小舟.城市艺术设计视角下的城市文脉保护与再生策略[D].天津：天津大学，2015.

[58] 郑奕.博物馆教育活动研究——观众参观博物馆前、中、后三阶段教育活动的规划与实施[D].

上海：复旦大学，2012.

[59] 谢羽瑶. 资源节约理念下的建筑空间设计研究[D]. 北京：北方工业大学，2015.

[60] 黄增军. 材料的符号学思维探析——建筑设计中材料应用及观念演变[D]. 天津：天津大学，2011.

[61] 周成斌. 居住形态创新研究[D]. 哈尔滨：哈尔滨工业大学，2008.

[62] 范群林. 环境技术创新的决策行为及能力影响机理研究[D]. 成都：电子科技大学，2012.

[63] 张树玲. 城市环境噪声对居住区声环境的影响及优化方法研究[D]. 长春：吉林大学，2011.

[64] 吕正春. 工业遗产价值生成及保护探究[D]. 沈阳：东北大学，2015.

[65] 甘欣悦. 公共空间复兴背后的故事——记纽约高线公园转型始末[J]. 上海城市规划，2015（1）：43-48.

[66] 张雨辰. 工业类博物馆建设与工业旅游发展的瓶颈与对策[J]. 博物馆管理，2020（1）：33-45.

[67] 赵放. 体验经济思想及其实践方式研究[D]. 长春：吉林大学，2011.

[68] 何小欣. 当代博物馆空间的复合化模式[J]. 新建筑，2011（5）：68-71.

[69] 厉建梅. 文旅融合下文化遗产与旅游品牌建设研究[D]. 济南：山东大学，2016.

[70] 李春. 贝聿铭现代主义建筑美学研究[D]. 济南：山东师范大学，2019.

[71] 宋江涛. 珠三角地区当代博物馆设计的地域性研究[D]. 广州：华南理工大学，2012.

[72] 陈凌云. 浅述博物馆陈列设计的学科交叉性[J]. 博物馆研究，2006（2）：3-8.

[73] 邓浩，段敬阳. 技术理性与生态建筑[J]. 华中建筑，2006（24）：48-50.

[74] 王晓丹. 生产关系论[D]. 武汉：华中师范大学，2018.

[75] 王海松，臧子悦. 适应性生态技术在工业遗产建筑改造中的应用[J]. 华中建筑，2010（9）：41-44.

[76] 严建伟. "多面"建筑——天津近代工业博物馆设计解读[J]. 时代建筑，2010（5）：72-75.

[77] 左亚，胡杰明. 试论新媒体环境下博物馆所面临的挑战[J]. 艺术与设计(理论)，2019（4）：50-52.

[78] 王赛兰. 刍议数字化工业遗产博物馆[J]. 旅游学刊，2013（28）：5-7.

[79] 黄鑫，李女仙. 当代博物馆展示中的交互设计方式[J]. 装饰，2011（4）：104-105.

[80] 黄秋野，叶苹. 交互式思维与现代博物馆展示设计[J]. 南京艺术学院学报(美术与设计版)，2006（4）：113-114.

[81] 过宏雷. 现代建筑表皮认知途径与建构方法研究[D]. 无锡：江南大学，2013.

[82] 季景涛. 基于虚拟现实观的景观创作方法研究[D]. 哈尔滨：哈尔滨工业大学，2014.

[83] 郝洛西. 视觉与展示——博物馆光环境设计[J]. 时代建筑，2006（6）：28-37.

[84] 李法云，臧树良，罗义. 污染土壤生物修复技术研究[J]. 生态学杂志，2003（22）：35-39.